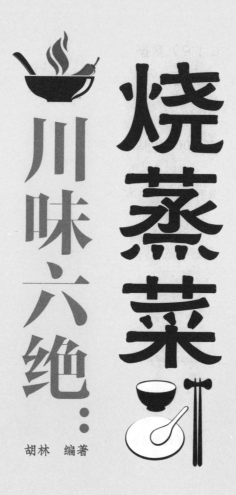

烧蒸菜

川味六绝…

胡林 编著

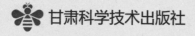
甘肃科学技术出版社

图书在版编目（CIP）数据

川味六绝. 烧蒸菜 / 胡林编著. -- 兰州：甘肃科
学技术出版社，2017.8
ISBN 978-7-5424-2441-9

Ⅰ. ①川… Ⅱ. ①胡… Ⅲ. ①川菜－菜谱 Ⅳ.
①TS972.182.71

中国版本图书馆CIP数据核字(2017)第235498号

川味六绝:烧蒸菜
CHUANWEI LIU JUE:SHAOZHENGCAI

胡林　编著

出 版 人　王永生
责任编辑　何晓东
封面设计　深圳市金版文化发展股份有限公司

出　版　甘肃科学技术出版社
社　址　兰州市读者大道568号　730030
网　址　www.gskejipress.com
电　话　0931-8773238（编辑部）　0931-8773237（发行部）
京东官方旗舰店　http://mall.jd.com/index-655807.html

发　行　甘肃科学技术出版社　　印　刷　深圳市雅佳图印刷有限公司
开　本　720mm×1016mm　1/16　印　张　10　字　数　150千字
版　次　2018年1月第1版　　印　次　2018年1月第1次印刷
印　数　1～5000
书　号　ISBN 978-7-5424-2441-9
定　价　29.80元

序言

会当凌绝顶
——浅说川味之"绝"

川味是指由四川之川菜、火锅、小吃等四川吃食所表达出来的一种共同性，也就是它们区别于其他地区风味的一种个性和特点。今天，这种独特的风味，已经成为代表四川特色、吸引海内外客人的一张重要名片。吃川菜火锅，品川味小吃，不仅是一种美食现象，美食潮流，更成为全国许多家庭的日常生活方式。"随风潜入夜，润物细无声"，对不同地区人们生活方式的改变，正是川味之绝真正的魅力和力量所在！

川味之绝，来自何方？川味之绝，绝在何处？

川味之绝来自巴蜀人"尚滋味"、"好辛香"的传统，一个"辛"字，点出了川味之魂，也贯穿在川味文化发展史的始终。从2000年前就声名在外的"蜀椒"（即花椒），到200多年前引进辣椒之后，四川人终于在"辛"的味觉传统精神下，打造出个性独特、震古烁今、影响深广的"麻辣"传奇。成为川味活力四射，激情飞扬，向全国、全世界穿透的核心竞争力。

川味之绝也来自于四川的移民，从战国秦王朝始到清末，五次大规模外来移民，不仅带来了新的原料、新的技艺，也带来了新的味道、新的思维。并在

历史的长河中，动态调整、包容发展，终于在晚清形成了具有取材广、味型多、技艺丰、风格显，"一菜一格，百菜百味"的现代意义上的川菜王国和丰富多彩的小吃世界。

那么川味之绝，绝在何处？

毋庸讳言，首先绝在"麻辣"。必须清楚的是，川味的麻辣不是干麻干辣，而必须在麻辣中透出香！是香辣香麻。没有香的麻辣，犹如没有灵魂的躯壳，断无生命力。而有了香的麻辣就像长了翅膀的鸟儿，可以"天高任鸟飞，海阔凭鱼跃"。同时必须清楚的是，川味的麻辣是立体的，有层次感的麻辣。豆瓣、干椒、鲜椒、泡椒、椒粉、红油、麻油，两种原料、不同细类的不同运用，演绎出川味精彩纷呈的麻辣诱惑。留给各地人民最深刻、最美妙、最难以忘怀的味觉记忆。麻辣太美，能不忆巴蜀？

其次绝在味型丰富，麻辣、香辣、鲜辣、酸辣、鱼香、糊辣、红油、家常、荔枝、糖醋、甜香、咸甜、蒜泥、姜汁、椒麻、芥末、五香、烟香、咸鲜、麻酱，黑椒、咖喱、耗油、茄汁，不同味感的轮番体验中，一会犹如交响乐快板响起般波澜壮阔，一会犹如慢板展开般悠扬舒展，一会犹如雄鹰从空中俯冲，一会犹如大鹏伸开翅膀平滑飞翔，这种味觉转换，强烈又和谐，正因应了人们"大快朵颐"的饮食审美渴求。味多又美，能不忆巴蜀？

第三绝在丰富的川菜之外，还有火锅的浓烈、霸气与自在，泡菜的脆爽、去腻与提神，卤菜的香浓、熟软与鲜美，腌腊的厚味、干香与滋润，小吃的品全、味多与亲民，常令人有刘姥姥进了大观园，处处有美食之感概。惊喜不断，能不忆巴蜀？

所以四川不仅是视觉的天堂，也是味觉的江湖。

川味由天下人同烹，也注定成为天下人的共同美食。

值《川味六绝》即将出版之际，编者嘱我为序。遂借自己浸淫川菜业多年之感受，草成此文，为其苦心感动，也为川味呐喊。

胡杨树
2017 年春于月明斋

目录 CONTENTS

Chapter 1
烧菜之畜肉篇

1

目录 CONTENTS

Chapter 2
烧菜之禽肉篇

Chapter 3
烧菜之水产篇

目录 CONTENTS

Chapter 4

烧菜之素菜篇

目录 CONTENTS

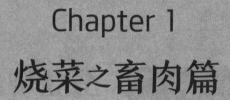

Chapter 1
烧菜之畜肉篇

水煮烧白

主辅料	五花肉。

调 料	酱油、干辣椒、红油、白糖、盐、葱花、花椒、料酒各适量。

制作程序

❶ 五花肉煮至五成熟，捞出抹酱油；干辣椒洗净切段。

❷ 热锅注油，肉皮炸至棕红色后切片。

❸ 锅底留油，爆香花椒、干辣椒，加肉片、料酒、酱油、红油、盐、糖、清水烧熟，撒上葱花即成。

成菜特点

成菜既有传统烧白肥糯耙香的口感，又增加了水煮菜式麻辣味浓厚的特色。

蚕豆烧肉

制作程序

❶ 将五花肉切丁；蚕豆去皮，泡软沥水。

❷ 将猪肉放入开水中氽一下，使其表面成熟，捞出滤干水分；蚕豆、松子仁用油炒香。

❸ 炒锅上火，加入植物油，放入葱、姜末，煸出香味，随即放入料酒、精盐、味精、白糖、醋以及清水，将肉丁放入，用大火烧开。

❹ 转用小火烹煮，烧至八成熟时，将蚕豆和松子仁放入，待原料熟烂，汤汁收浓，勾芡，撒上五香粉炒匀即可。

主辅料	蚕豆、松子仁、五花肉。

调 料	植物油、料酒、白糖、精盐、生抽、五香粉、味精、淀粉、葱花、姜末、醋各适量。

胡萝卜烧丸子

主辅料　胡萝卜、油炸肉丸。

调料　郫县豆瓣、精盐、味精、胡椒粉、色拉油、香葱各适量。

制作程序

❶ 将胡萝卜洗净切片，葱切圈。

❷ 锅内放油烧热，投入郫县豆瓣炒散，加胡萝卜片爆炒，待色变，放入油炸肉丸，撒入盐、味精、胡椒粉，加入少许水同烧，待汁收干后盛出装盘，撒上葱花即成。

成菜特点
味道鲜美、口感丰富、营养全面、老少皆宜。

酱香烧肉

主辅料　猪肉、榨菜。

调料　葱花、红椒、盐、酱油、醋各适量。

制作程序

❶ 猪肉洗净，入沸水余煮捞出，在表皮面打上花刀，抹层酱油；榨菜切末；红椒去蒂切粒。

❷ 锅下油烧热，放猪肉稍煎一下，注水，放榨菜、盐、醋烧熟盛盘。

❸ 撒上葱花、红椒粒即可。

成菜特点
成菜颜色红亮、香甜软糯，食之口舌生香。

魔芋烧肉片

魔芋是有益碱性食品，可以达到食品酸、碱平衡，对人体健康有利。

主辅料 魔芋、猪瘦肉、泡椒。

调 料 姜片、蒜末、葱花、盐、鸡粉、豆瓣酱、料酒、生抽、水淀粉、食用油各适量。

制作程序

❶ 将洗净的魔芋对半切开，再切成片；洗好的猪瘦肉切薄片，把肉片装入碗中，放入少许盐、鸡粉、水淀粉，拌匀，入食用油腌渍入味。

❷ 锅中注入适量清水烧开，加入少许盐，放入魔芋片，拌匀，焯煮约半分钟，捞出魔芋，沥干水分，待用。

❸ 用油起锅，倒入肉片，快速翻炒至变色，淋入料酒，炒匀炒香，放入姜片、蒜末炒匀，倒入备好的泡椒，加入豆瓣酱，炒出香辣味。

❹ 放入魔芋片稍炒，入鸡粉、盐、生抽，用中火炒匀调味，倒入水淀粉炒匀，关火后盛出炒好的菜肴，装入盘中，点缀上葱花即成。

【操作要领】

掌握咸鲜适度，不能加醋和糖。

干豆角烧肉

主辅料 五花肉、豆角。

调料 盐、味精、白糖、老抽、黄豆酱、料酒、水淀粉、、八角、桂皮、干辣椒、姜、蒜、葱、食用油各适量。

制作程序

❶ 将洗净泡发的豆角切成小段，焯水，捞出；姜切片；蒜剁成末；葱切成小段；将五花肉切成丁。

❷ 用油起锅，倒入五花肉，用小火炒出油脂，加入白糖，倒入八角、桂皮、干辣椒、姜片、葱段、蒜末，爆香。

❸ 淋入少许老抽，炒匀，加入料酒，炒

匀提味，加入黄豆酱，翻炒匀，再倒入焯过水的豆角，再加入适量清水，煮至沸。

❹ 加入盐、味精，翻炒片刻使其入味，盖上盖，烧开后转小火焖至食材熟软，揭开锅盖，倒入适量的水淀粉炒匀即可。

竹笋烧肉

制作程序

❶ 带皮三线肉洗净，切成15厘米粗的长方块；竹笋洗净切段。

❷ 锅下油烧至七成热，把三线肉放入锅里爆炒至出油时，放入料酒、豆瓣，炒至豆瓣出香出色时，放入辣椒、姜片、蒜片、糖、醋、花椒炒香，加鲜汤，旺火烧沸后转小火，待肉烧至六成耙时，放入竹笋，加醋，烧至肉耙，汁快干时，加味精，推匀起锅即成。

主辅料 猪三线肉、竹笋。

调料 味精、白糖、醋、豆瓣、姜片、蒜片、花椒、干辣椒、料酒、鲜汤各适量。

红薯板栗烧肉

成菜特点

栗子性味甘温，有养胃健脾、补肾壮腰、强筋活血、止血消肿等功效。

主辅料　红薯块、五花肉、板栗肉。

调　料　盐、味精、料酒、老抽、生抽、食用油、水淀粉、香菜、姜片、桂皮、八角、葱段各适量。

制作程序

❶ 五花肉洗净，切小块；锅中注入适量清水烧开，倒入五花肉块，拌匀，淋入少许料酒，用中火煮一会儿，余去血水，捞出。

❷ 用油起锅，放入肉块炒匀，倒入姜片、桂皮、八角、葱段，淋入老抽，炒至上色，注入清水拌匀，盖上盖，烧开后用小火煮熟。

❸ 揭盖，淋入料酒，倒入洗净的红薯块、板栗肉拌匀，再盖上盖，用小火煮至食材熟透，揭盖，加入盐、味精，淋入适量生抽调味。

❹ 再盖上盖，用小火稍煮，至食材入味，揭盖，拣出八角和桂皮，倒入适量水淀粉勾芡，撒上香菜。

海带结烧肉

制作程序

❶ 猪肉切小块；红椒去籽，切块；海带结入锅煮半分钟，捞出。

❷ 用油起锅，入肉块翻炒至出油，放入豆瓣酱、老抽，姜片、蒜末炒香，调入盐、鸡粉、生抽、清水拌匀，入海带结。

❸ 盖上锅盖，煮沸后用中小火，续煮一会儿至食材熟软。

❹ 取下锅盖，大火煮一小会儿至汤汁收浓，倒入红椒块、葱段，翻炒至断生，倒入水淀粉炒匀勾芡即可。

主辅料 水发海带结、猪肉、红椒。

调 料 豆瓣酱、盐、鸡粉、老抽、生抽、水淀粉、葱段、姜片、蒜末食用油各适量。

五花肉烧茶树菇

主辅料 五花肉、茶树菇、青椒。

调 料 盐、白糖、老抽、生抽、料酒、豆瓣酱、干辣椒各适量。

制作程序

❶ 所有主辅料洗净。

❷ 油锅烧热，放糖熬至变色，入五花肉翻炒，使之裹一层糖色，加入剩余的调料，和水、茶树菇、青椒一同煮熟，大火收浓汁即可。

成菜特点

成菜香香辣辣的，十分开胃。

五花肉烧面筋

主辅料 五花肉、面筋、红椒。

调料 盐、料酒、酱油、葱段各适量。

制作程序

❶ 五花肉洗净，切片；面筋洗净，切片；红椒洗净切圈。

❷ 锅烧热，下五花肉煸至出油，放入面筋、红椒、葱段同炒至熟。

❸ 调入盐、料酒、酱油炒匀，起锅盛盘即可。

成菜特点

成菜肉酥烂；面筋吸收了五花肉的油脂，入口顺滑、多汁，值得一试。

土豆烧排骨

主辅料 排骨、土豆。

调料 豆瓣、姜蒜、干海椒、花椒、鸡精、白糖、醋、料酒、盐各适量。

制作程序

❶ 排骨宰块，土豆去皮切滚刀。

❷ 锅下油，放排骨爆炒尽血水后，放豆瓣炒香，加料酒、姜蒜、盐、醋、白糖，烧至排骨五成熟时，放入土豆，待土豆断生耙软时放味精，起锅即成。

成菜特点

土豆耙软，咸鲜微辣，排骨香耙适口。

青笋烧排骨

成菜特点

该菜汤汁浓郁，肉质酥烂，青笋清香，为滋补菜肴。

主辅料　排骨、青笋。

调　料　豆瓣、姜、葱、盐、鸡精、味精、胡椒粉、料酒、八角、十三香、香油、油各适量。

制作程序

❶ 排骨砍成 6 厘米长的段，青笋去皮切 6 厘米长的粗条。

❷ 锅置旺火加水、排骨烧沸，撇净浮沫，起锅沥水。

❸ 锅置火上入油烧至五成热，下豆瓣炒香，再下姜、葱、八角、排骨爆炒，掺汤，入料酒、胡椒粉烧沸，去浮沫，文火将排骨烧至肉离骨，下青笋、十三香烧 3 分钟，调入盐、鸡精、味精起锅，淋香油即成。

【操作要领】

排骨炒后用小火慢烧。

白玉烧排骨

成菜特点
此菜味道香咸，排骨酥烂，色泽金红。

主辅料 猪仔排、山药。

调料 a料：盐、胡椒粉、料酒、姜、葱、水淀粉；姜片、葱段、小米椒节、葱花、盐、胡椒、料酒、味精、鸡精、鲜汤、水淀粉、色拉油各适量。

制作程序

❶ 猪仔排剁成节，加入a料拌匀腌渍1小时，平铺于盘内入笼旺火蒸至断生。山药改刀成块。

❷ 炒锅烧油至五成热，投入姜片、葱段爆香，掺入鲜汤，放入排骨和山药烧制。然后用盐、胡椒、料酒、味精、鸡精调味，最后用水淀粉将汤汁收浓起锅装盘，洒上葱花、小米椒即可。

【操作要领】
排骨蒸制时不要蒸得过熟烂，以免烧制时散烂不成形。如果排骨蒸得过软烂，烧时就先下山药，待山药要熟时再下排骨。

排骨烧玉米

主辅料　猪排骨、玉米、青椒、红椒。

调　料　盐、酱油、白糖各适量。

制作程序

❶ 猪排骨洗净剁块；玉米洗净切块；青椒、红椒洗净切片。

❷ 油锅烧热，入猪排骨炒至发白，再放玉米炒匀。

❸ 注水煮至汁干时，下青椒、红椒炒匀，加酱油、白糖、盐调味，装盘即可。

成菜特点

排骨里透着一股玉米的淡淡清香，既鲜甜可口又营养丰富。

双色烧排骨

主辅料　排骨、海带、萝卜。

调　料　精盐、姜片、酱油、花生油各适量。

制作程序

❶ 将排骨洗净斩块，海带清洗干净后切块，萝卜洗净切成小块。

❷ 将排骨入锅汆水，捞出沥去水分。

❸ 锅内放入适量花生油烧热，下姜片、排骨翻炒片刻，加少许水大火烧开，以小火煮30分钟。再加入海带、萝卜、酱油、盐，继续用小火炖至熟透收汁时即成。

成菜特点

这道菜中排骨肉酥软，胡萝卜入口软嫩，能充分吸收维生素A。

鲜香菇烧排骨

主辅料 排骨、香菇。

调料 油、盐、味精、白糖、豆瓣、八角、鲜汤、大蒜、姜各适量。

制作程序

❶ 香菇去蒂改块，排骨斩成小节，蒜去头，姜剁茸。

❷ 锅内入油烧至五成热，下大蒜、姜末、八角、排骨煸炒，下盐、味精、白糖、豆瓣一同炒香，入鲜汤，小火慢烧20分钟，再下香菇同烧5分钟即可。

成菜特点

鲜香菇加上排骨一起烧，既补充了蛋白质，又能补充钙质，这道家常川菜滋味可口。

五成干烧排骨

主辅料 猪排骨、五成干、青椒、红椒。

调料 盐、酱油、醋、料酒各适量。

制作程序

❶ 猪排骨切块余水；五成干洗净。

❷ 水烧开，入五成干余熟捞出摆盘。

❸ 油锅烧热，入猪排骨煸炒，放青椒、红椒、盐、酱油、料酒、醋炒至八成熟，加水焖煮，待汤汁收干盛于五成干上即可。

成菜特点

排骨酥烂，色泽金红。

青笋烧肥肠

成菜特点

莴笋清脆，肥肠糯软，味道鲜美。

主辅料 熟肥肠、青笋。

调 料 豆瓣、泡红椒、盐、味精、干辣椒粉、花椒、料酒、白酒、醋、色拉油、鲜汤、香菜各适量。

制作程序

❶ 肥肠改刀成菱形块，入锅余水后捞起；青笋改为滚刀块。

❷ 锅下油烧至四成热，下豆瓣、泡红椒、干辣椒粉、花椒炒香，烹入料酒，掺入鲜汤，熬开后去渣料，下青笋、肥肠，调盐、味精、料酒、白酒、醋，用小火烧入味，起锅装入盘中，撒上香菜即可。

【操作要领】

炒料时要用小火，否则影响色泽和味型。

土豆烧肥肠

主辅料 肥肠、土豆。

调　料 盐、胡椒粉、料酒、酱油、青椒、红椒各适量。

制作程序

❶ 肥肠洗净余水后切块；土豆去皮洗净切片；青椒、红椒均洗净切片。

❷ 油锅烧热，炒香青椒、红椒，放肥肠煸炒，入土豆炒匀，注水烧至汤汁浓稠，加盐、胡椒粉、料酒、酱油拌匀。

成菜特点

酱香浓郁，肥肠软糯弹牙，土豆口感粉沙。

方竹笋烧肥肠

主辅料 肥肠、干方竹笋。

调　料 油、盐、味精、白糖、桂皮、八角、草果、白醋、面粉、红辣椒各适量。

制作程序

❶ 肥肠用盐、白醋、面粉洗净去油，入冷水锅中煮沸，余去血水后漂洗干净，改刀切成5厘米长的段。

❷ 方竹笋用温水浸泡10小时后去老根，切成3厘米长的节。

❸ 炒锅下油烧至四成热，放入八角、桂皮、草果、红辣椒略炒后，掺入清汤，放入盐、味精、白糖及肥肠、干方竹笋，烧至熟即可。

青豆烧肥肠

成菜特点
成菜软嫩油润，美味适口。

主辅料 熟肥肠、青豆。

调料 泡朝天椒、姜片、蒜末、葱段、豆瓣酱、盐、鸡粉、花椒油、料酒、生抽、食用油适量。

制作程序

❶ 熟肥肠切成小段；将泡朝天椒切成圈。

❷ 热锅注油烧热，倒入泡朝天椒、豆瓣酱，炒香。

❸ 倒入姜片、蒜末、葱段，翻炒片刻。

❹ 倒入肥肠、青豆，翻炒片刻。

❺ 淋入料酒、生抽，翻炒匀，注入适量清水。

❻ 加入盐，搅匀调味，盖上锅盖，中火煮10分钟至入味。

❼ 掀开锅盖，加入鸡粉、花椒油，翻炒均匀。

❽ 关火，将炒好的菜盛出，装入盘中即可。

【操作要领】

切肥肠时可以将里面的油脂割掉，以免口感油腻。

成菜特点
莴笋清脆，肥肠糯软，味道微辣。

莴笋烧肠圈

主辅料 肥肠、莴笋。

调料 盐、味精、辣椒粉、泡红椒、生抽各适量。

制作程序

❶ 肥肠洗净，切圈；莴笋去皮洗净，切块；泡红椒洗净。

❷ 油锅烧热，放入肥肠略炒，再放入泡红椒、莴笋、辣椒粉炒匀。

❸ 炒至熟后，放入盐、味精、生抽调味，起锅装盘即可。

成菜特点
猪尾巴含有的胶原蛋白，是皮肤组织不可或缺的营养成分。

小土豆烧猪尾

主辅料 小土豆、猪尾。

调料 姜末、蒜末、泡椒节、精盐、鲜汤、水豆粉、味精、鸡精、白糖、豆瓣、火锅料、卤水、精炼油各适量。

制作程序

❶ 猪尾烧去杂毛，刮洗干净，下入卤水中卤熟捞出，斩成节。

❷ 锅中下入精炼油烧热，加入豆瓣、姜末、蒜末、火锅料炒香，加入鲜汤，熬至出味，打去渣料，下入小土豆、猪尾、泡椒节、精盐、味精、鸡精、白糖，烧至入味后，用水豆粉勾芡，起锅装盘即可。

尖椒烧猪尾

制作程序

❶ 洗净的猪尾斩块；洗净的青椒、红椒切成片。

❷ 锅中倒水，加入料酒烧开，倒入猪尾煮至断生后捞出。

❸ 起油锅，放姜片、蒜末、葱白、猪尾、料酒、蚝油、老抽，加适量水炒匀。

❹ 小火焖15分钟，加辣椒酱煮片刻。

❺ 加味精、盐、白糖，倒入青、红椒炒匀。

❻ 用水淀粉勾芡，淋入熟油炒匀即成。

主辅料 猪尾、青椒、红椒。

调 料 蚝油、姜片、蒜末、葱白、老抽、味精、盐、白糖、料酒、辣椒酱、食用油、水淀粉各适量。

苦瓜烧猪尾

制作程序

❶ 猪尾除去残毛，燎皮后用温水泡发，刮洗净后斩成5厘米长的节，用料酒、生抽、蒜片、姜片、葱节、百里香码味1小时。

❷ 炒锅置火上烧热，放色拉油烧至八成热，下猪尾节爆香，再加鲜汤、生抽、老抽、蚝油、味精、白糖调味后，入高压锅压制15分钟。

❸ 将苦瓜切成块，加入压好的猪尾中，再放入豆豉，待苦瓜烧熟、汁水渐干时撒上香菜即成。

主辅料 猪尾、苦瓜。

调 料 豆豉、蚝油、鲜汤、生抽、老抽、蒜片、姜片、葱节、料酒、香菜、百里香、味精、色拉油、白糖各适量。

大蒜烧肚条

主辅料 猪大肚、大蒜。

调 料 大葱、红椒、姜片、精盐、味精、鲜汤、胡椒粉、料酒、精炼油各适量。

制作程序

❶ 猪大肚洗净,用高压锅压熟后切成条;大蒜切块。

❷ 锅中加入精炼油烧热,下入肚条、姜片、葱节、大蒜爆香,加入料酒,掺入鲜汤,待沸后撇去浮沫,调入精盐、味精、胡椒粉,改大火收汁后起锅,装盘即成。

成菜特点
味道鲜美,又带有大蒜的浓香。

莴笋烧肚条

主辅料 猪肚、莴笋、青椒、红椒。

调 料 盐、料酒、红油、蒜瓣各适量。

制作程序

❶ 猪肚洗净切条;莴笋、青椒、红椒均洗净切条,莴笋焯熟摆盘。

❷ 油锅烧热,炒香青椒、红椒、蒜瓣,入猪肚翻炒,注水烧至熟透,调入盐、料酒、红油拌匀,起锅置于莴笋条上即可。

成菜特点
成品味道鲜美,含有人体所需的营养元素。

双豆烧猪手

主辅料 猪蹄、青豆、黄豆。

调 料 豆瓣酱、姜末、葱节、盐、胡椒、料酒、白糖、味精、鲜汤、水淀粉、色拉油各适量。

制作程序

❶ 猪蹄剁成块，入沸水锅焯水至断生捞起沥尽水备用。

❷ 炒锅上火，烧油至四成热，放入豆瓣酱、姜末、葱节炒香，待油红时掺入鲜汤，捞去料渣不用，投入猪蹄、青豆、黄豆，调入盐、胡椒、料酒、白糖烧熟，最后下味精调好味，用水淀粉勾芡，起锅装入盘中即可。

成菜特点

猪蹄营养丰富，脂肪含量也比肥肉低，并且不含胆固醇，味道可口，肉质嫩滑。

海带烧猪皮

制作程序

❶ 锅中注入适量清水，入洗净的猪皮氽煮至熟，捞出，晾凉，切粗丝；海带洗净切小块；红椒去籽，切块。

❷ 用油起锅，倒入姜片、蒜末，大火爆香，放入猪皮，炒匀炒透，淋上少许老抽，再放入豆瓣酱、料酒，炒匀炒香。

❸ 倒入切好的海带、红椒，注入适量清水，加入盐、鸡粉，炒匀调味，用中火续煮约3分钟至入味。

❹ 待汤汁收浓，撒上葱段，倒入少许水淀粉，用锅铲翻炒均匀即可。

主辅料 水发海带、猪皮、红椒。

调 料 豆瓣酱、葱段、姜片、蒜末、盐、鸡粉、老抽、料酒、水淀粉、食用油各适量。

火腿烧冬瓜

成菜特点

火腿的咸香和冬瓜的清甜相互吸收、共同烘托，令汤水非常鲜美。

主辅料 三明治火腿、嫩冬瓜。

调 料 生姜、葱、色拉油、盐、味精、蚝油、湿生粉各适量。

制作程序

❶ 三明治火腿切菱形片，嫩冬瓜去皮去籽在表面切米字花刀，改小块，生姜去皮切末，葱切花。

❷ 烧锅加水，待水开时，投入冬瓜，用中火煮出其中香味，倒出待用。

❸ 另烧锅下油，放入姜末、火腿片炒香，加入冬瓜，注入清汤，调入盐、味精、蚝油，烧透入味，再下湿生粉勾芡，撒上葱花即成。

【操作要领】

冬瓜要选嫩的，烧时油要放少点，同时要控制好火候。

筒子骨烧萝卜

主辅料 猪筒子骨、萝卜。

调料 姜、葱、料酒、花椒、干辣椒、八角、盐、味精、胡椒粉、精炼油各适量。

制作程序

❶ 筒子骨洗净，氽水后再入冷水锅中煮1小时，捞出；萝卜切成滚刀块。

❷ 锅中加油烧热，下姜块、葱段、花椒、干辣椒、八角炒香，放入筒子骨、萝卜、料酒，掺少许清水烧沸，改用小火慢烧至软熟，捡取姜块、葱段、花椒、干辣椒、八角，调入盐、味精、胡椒粉，起锅装盘撒上葱花即可。

成菜特点

筒子骨中的骨髓含有很多的胶原蛋白，除了可以美容，还可以促进伤口愈合、增强体质。

豆汤香碗

制作程序

❶ 将猪肉馅按照1斤肉：3两红薯粉的比例，加入调好的水淀粉。取蛋清加入肉馅中，加入姜末适量，搅拌均匀至肉馅成泡沫状为宜。黄花、黄豆入温水泡软。

❷ 将鸡蛋打散，在锅内摊好蛋皮，将肉糜放在中央，卷成蛋皮肉卷状。放入蒸笼中大火蒸制30分钟，取出后切成2厘米厚的片。

❸ 将黄豆入沸水煮至开花，捞至碗中衬底，上面码放肉卷片。配以氽熟的黄花，加入豆汤至没过肉片，大火蒸5分钟即可。

主辅料 肉馅、黄豆、黄花。

调料 红薯粉、姜末、盐、味精、鸡汤、黄花、鸡蛋各适量。

笋烧牛肉

成菜特点
竹笋含有多种人体所需的氨基酸，味道清鲜。

主辅料 牛肉、笋。

调 料 老抽、料酒、盐、味精、红油、姜片、香菜段各适量。

制作程序

❶ 牛肉洗净切块；笋洗净斜切段。

❷ 锅注油烧热，爆香姜片，下牛肉，加老抽、红油和料酒同炒至断生，加入笋段稍炒。

❸ 锅加清水，烧至牛肉软烂，加盐和味精调味，撒上香菜段即可。

【操作要领】
牛肉一定要洗干净，笋子可以多泡两天。

鲜笋烧牛肉

主辅料 牛肉、鲜笋。

调料 豆瓣、姜、葱、鸡精、胡椒粉、料酒、白糖、香料、高汤、精炼油、香菜各适量。

制作程序

❶ 将牛肉切成小块，冲净血水。

❷ 锅置火上，下精炼油、豆瓣炒出香味，下香料、姜、葱，然后取一张纱布，将其全部打包，再放入锅内，加高汤、牛肉，用胡椒粉、鸡精、白糖、料酒调味，烧至牛肉熟时再加入鲜笋，让其入味，起锅撒上香菜即成。

成菜特点
香味浓郁，肉质鲜嫩。

泡姜烧牛肉

主辅料 牛腩、泡姜。

调料 精盐、味精、酱油、香料（八角、山柰、香叶、草果）、葱、香油、红油、精炼油、鲜汤、香菜各适量。

制作程序

❶ 牛腩肉洗净切方块，余水，捞出洗净；泡姜亦切成方块。

❷ 锅放精炼油烧热，下牛肉块、泡姜煸炒，加鲜汤、精盐、味精、酱油，烧沸后捞去浮沫，倒入砂锅，改小火焖烧至肉熟，去掉葱、香料，淋入红油、香油，出锅装盘，撒上香菜即成。

成菜特点
生姜的辛辣芳香融入牛肉中，可使其鲜嫩。成菜色泽红亮，牛肉鲜糯，味浓微辣。

番茄烧牛肉

主辅料　鲜牛肋肉、番茄。

调　料　番茄酱、姜、蒜、葱、精盐、
　　　　味精、鲜汤、精炼油各适量。

制作程序

❶ 牛肉切成块，除尽血水待用；番茄
切块。

❷ 锅内下油烧热，下番茄酱炒香，加鲜
汤、姜、蒜、葱，调入精盐、味精，
捞去料渣，下牛肉烧至八九成熟，下
番茄同烧至全熟，起锅装盘即可。

成菜特点

牛肉烂软香鲜而红亮，柿汤浓厚咸鲜香酸，
半汤半菜，美味可口。

米凉粉烧牛肉

制作程序

❶ 牛肉切成块，入碗加调料拌匀，码味
15分钟；米凉粉也切成块，放入沸
水锅中煮透。

❷ 炒锅内烧油至五成热，投入牛肉炸干
表面水汽，捞起。

❸ 锅内留油适量，放入豆瓣、姜末、蒜
末爆香，掺入鲜汤，放入牛肉，下盐、
胡椒、料酒、白糖调好味，烧至牛肉
八成熟，然后放入米凉粉略烧，调入
味精、鸡精，用水淀粉勾芡，起锅装
入煲内，撒上香菜即可。

主辅料　牛肉、米凉粉。

调　料　豆瓣、姜末、蒜末、豆瓣、盐、
　　　　胡椒、料酒、白糖、味精、鸡精、
　　　　水淀粉、鲜汤、香菜各适量。

胡萝卜烧牛肉

主辅料 胡萝卜、牛肉。

调 料 红油、豆瓣、盐、味精、白糖、生抽、香料、姜末、蒜末、料酒、鲜汤、香菜各适量。

成菜特点

这道菜具有补脾胃、强筋骨、益气血、养肝明目、健脾、化痰止咳、理气、止痛、温阳的功效。

制作程序

❶ 胡萝卜、牛肉切成块，并分别氽水待用。

❷ 锅中下红油，下豆瓣、姜末、蒜末炒香出色，烹入料酒，加鲜汤，下牛肉、香料、盐、味精、白糖、生抽，用小火烧制，成熟后下胡萝卜，烧至耙软时起锅装盘，撒上香菜即成。

【操作要领】

炒制时要炒香出色；烧的火力不能过大，香料用量要少；汤汁的量要合适。

蕨根粉烧牛肉

成菜特点

用蕨根加工而成的蕨根粉，成了现代人餐桌上的美味。成菜香浓味美，香糯可口。

【操作要领】

在制作酸辣蕨根粉时不用再加盐和酱油，因牛肉汤里已加了盐和酱油。

主辅料　牛肉、蕨根粉。

调　料　精炼油、精盐、味精、五香料、香菜各适量。

制作程序

❶ 将牛肉切成15厘米见方的丁。

❷ 锅置火上，下精炼油，下牛肉丁略炒，待牛肉出水后加入五香料、盐，烧至八成熟，再加入蕨根粉烧至牛肉熟后，加入味精，起锅撒上香菜即成。

黑虎掌菌烧牛肉

❶ 黑虎掌菌改刀成 5 厘米大小的块，汆水待用；青红椒、洋葱改刀成菱形块；牛腱子肉切成 5 厘米大小的块，制成红烧牛肉待用。

❷ 锅置火上，放入精炼油烧至四成热，下泡椒、豆瓣、姜、蒜末炒香出色，掺鲜汤，调入精盐、鸡精、十三香、白糖、胡椒粉烧沸，下入黑虎掌菌和红烧牛肉入味，下青红椒和洋葱块，淋入鸡油，起锅装盘即成。

主辅料 黑虎掌菌、牛腱子肉、青红椒、洋葱。

调料 精盐、鸡精、十三香、豆瓣、泡椒、姜末、蒜末、白糖、鲜汤、鸡油、胡椒粉、精炼油各适量。

烟笋烧牛腩

主辅料 牛腩、烟笋。

调料 蒜末、豆瓣、辣椒、盐、味精、鸡精、泡椒、啤酒、香菜各适量。

制作程序

❶ 牛腩用水汆一下，改成 15 厘米见方的丁。

❷ 烟笋用水洗净，改成丁。

❸ 锅中下油，放入牛腩，煸炒好起锅。

❹ 锅中留油，加入调料炒香，下入啤酒，打渣，下牛腩、烟笋烧制，肉熟汁干时起锅装盘，放点香菜即成。

成菜特点
家常风味，回味滋香。

香菇烧牛腩

成菜特点

香菇不但具有清香的独特风味，而且含有丰富的对人体有益的成分。

主辅料 牛腩、香菇。

调料 家常料、味精、糖、香油、香菜各适量。

制作程序

❶ 牛腩改成15厘米见方的块状，香菇洗净改块。

❷ 锅下油烧至四五成热，下牛腩煸香，加入家常料同烧约1小时，加入香菇，调入味精、糖、香油，烧5分钟起锅撒上香菜即可。

【操作要领】

应用小火，同时加盖慢烧才能保持牛肉的鲜香味。

花菜烧牛楠

❶ 牛腩切成块；花菜改成小朵；红小米椒切成圈；蒜苗切段。

❷ 炒锅内烧油至五成热，下入牛腩、料酒煸炒至水汽干，放入香辣酱、红小米椒圈炒香，掺鲜汤，放入蚝油、盐、生抽、白糖调好味，烧至牛腩七成熟。然后投入花菜烧入味，放入味精、蒜苗，用水淀粉勾芡，起锅装入盛器内即可。

主辅料 牛腩、花菜。

调 料 香辣酱、蚝油、料酒、盐、生抽、白糖、味精、鲜汤、水淀粉、色拉油、红小米椒、蒜苗各适量。

干花菜烧牛腩

主辅料 牛腩、干花菜。

调 料 家常料、香菜各适量。

制作程序

❶ 牛腩改刀成块状，用家常料烧熟（约1至2小时）备用；干花菜温水涨发30分钟。

❷ 另起锅，炒制家常料，将牛腩、干花菜入锅同烧15分钟，调味起锅，装入瓷煲中撒上香菜上桌。

成菜特点
此菜吃起来咸鲜微辣，干香回味，乃送饭下酒的佳肴。

黄凉粉烧牛筋

主辅料　牛筋、黄凉粉。

调　料　四川家常豆瓣、姜末、蒜末、味精、鸡精、香油、鲜汤、小葱各适量。

制作程序

❶ 牛筋洗干净，放入高压锅内，加姜、葱、盐压制30分钟，改刀成食指条状。

❷ 凉粉改刀成条状，入锅煮1分钟捞起。

❸ 另起锅下油烧至三成热，把豆瓣、姜末、蒜末炒香，加鲜汤，下牛筋、黄凉粉同烧10分钟，调味精、鸡精、香油即可。

成菜特点

黄凉粉成条不烂，软而不断，有豌豆的清香味。

腐竹烧蹄筋

主辅料　熟牛蹄筋、红椒、腐竹。

调　料　葱白、蒜末、姜片、盐、鸡粉、料酒、老抽、白糖、水淀粉、食用油各适量。

制作程序

❶ 红椒洗净去籽，切块；熟牛蹄筋切块；热锅注油烧热，入腐竹炸至呈金黄色后捞出，将放凉的腐竹倒入凉开水中，涨发泡软。

❷ 锅留底油，倒姜片、蒜末、葱白、红椒，爆香，倒入牛蹄筋，翻炒匀，淋入少许料酒。

❸ 放入盐、老抽，再加入鸡粉、白糖，翻炒均匀，加入适量清水煮开。

❹ 加入泡好的腐竹焖一会，加入少许水淀粉，快速拌炒匀即可。

葱烧牛蹄筋

成菜特点
本菜突出的就是葱香，除去了牛蹄筋的腥味，同时也把牛蹄筋的味道充分地释放了出来。

主辅料 牛蹄筋、冬菇、红椒。

调 料 生姜、葱、花生油、盐、味精、白糖、蚝油、老抽王、绍酒、湿生粉、麻油、牛骨汤各适量。

制作程序

❶ 发好的牛筋改成粗条，冬菇切条，红椒去籽切条，生姜去皮切粗丝，葱切段。

❷ 烧锅下油，放入姜丝、牛筋、冬菇，加入绍酒爆炒片刻，注入牛骨汤、蚝油，用中火烧到牛筋酥烂时，投入红椒条、葱段，调入盐、味精、白糖、老抽王，烧透入味，再用湿生粉勾芡，淋入麻油即可。

【操作要领】

牛筋要烧透，不能用大火，否则易内不透而外糊。

31

魔芋烧牛舌

成菜特点

成菜肉香味美，色泽诱人，令人垂涎。

主辅料　卤牛舌、魔芋豆腐。

调 料　泡椒、姜片、蒜末、葱段、盐、鸡粉、料酒、辣椒酱、豆瓣酱、生抽、水淀粉、食用油各适量。

【操作要领】

牛舌放清水中煮沸捞出，刮去舌苔。

制作程序

❶ 洗好的魔芋豆腐切成块；将卤牛舌切成薄片；泡椒去蒂，对半切开。

❷ 沸水锅中加入盐，倒入魔芋豆腐，煮约半分钟，至其断生，捞出材料，沥干水分。

❸ 用油起锅，倒入蒜末、姜片、泡椒、葱段，爆香，倒入卤牛舌、料酒、魔芋豆腐、辣椒酱、清水，加入盐、鸡粉、豆瓣酱，炒匀。

❹ 加入生抽，炒匀，用大火略煮至食材熟软，倒入水淀粉，炒匀，关火后盛出即可。

葱烧牛舌

主辅料 牛舌、葱段。

调料 盐、姜片、蒜末、红椒圈、鸡粉、生抽、料酒、水淀粉、食用油各适量。

制作程序

❶ 锅中注水烧开，放入牛舌，搅匀，煮约2分钟至其断生；捞出，沥干水分，置于凉水中泡一会，捞出，去掉牛舌表面的薄膜，再切成薄片。

❷ 把牛舌片放在碗中，淋入少许生抽，加入少许鸡粉、盐，再倒入适量水淀粉，拌匀；注入适量食用油，腌渍约10分钟，至食材入味。

❸ 用油起锅，放入姜片、蒜末、红椒圈，用大火爆香；倒入牛舌，翻炒匀。

❹ 淋入料酒，炒香、炒透，倒入生抽；加入盐、鸡粉，翻炒一会，至全部食材熟透；撒上葱段，翻炒出葱香味，装在盘中即成。

青笋烧羊肉

制作程序

❶ 羊肉洗净，投入加有葱段、姜片、香料、料酒的汤锅中，煮透捞出，切成块；青笋切块；青椒洗净，切成块。

❷ 锅中加入精炼油烧热，下入姜片、葱段炒香，掺鲜汤烧沸，捞去姜片、葱段，放入羊肉块、精盐、料酒、白糖烧至羊肉快熟时，再加入青椒、青笋烧至收汁，调入味精、胡椒粉，淋香油，起锅装盘即可。

主辅料 羊肉、青笋。

调料 青椒、姜片、葱段、胡椒粉、料酒、精盐、鲜汤、白糖、味精、香油、香料（山柰、八角、草果、白蔻）、精炼油各适量。

雪魔芋烧牛尾

成菜特点

主材料雪魔芋富含葡甘聚糖，具有独特的理化性能和保健功效。

主辅料 牛尾、雪魔芋。

调　料 油、豆瓣、姜末、蒜末、味精、泡海椒各适量。

制作程序

❶ 去骨牛尾砍成拇指长的条，雪魔芋泡胀，切成食指长的条。

❷ 锅放油烧至五成热，把牛尾炒香，放豆瓣、姜末、泡海椒，炒香后加水烧 1 小时，再下雪魔芋，最后放姜末、蒜末、味精起锅。

【操作要领】

牛尾要烧粑，雪魔芋不要烧太长时间。

山药烧羊肉

成菜特点

此菜色泽红亮，粑糯可口，咸鲜香辣。羊肉与山药相配亦能补气健身，适宜大众口味。

【操作要领】

山药不宜烧太久，易烂。

主辅料　羊肉、山药。

调　料　家常料、香菜各适量。

制作程序

❶ 羊肉改成块，山药切滚刀块。

❷ 羊肉入锅，下家常料同烧50分钟。

❸ 再加入山药同烧10分钟，调味，撒上香菜即可。

冬瓜烧羊肉

成菜特点

羊肉性温，适于秋冬季驱湿进补。此菜用冬瓜与羊肉同烧，咸鲜味美，汤味乳白，勾人食欲。

主辅料 羊肉、冬瓜。

调料 盐、味精、胡椒粉、香菜各适量。

制作程序

❶ 羊肉改成小块，冬瓜改块，香菜切细。

❷ 将羊肉煸炒后加入鲜汤，用小火煨好。

❸ 取羊肉及原汤下冬瓜同烧，调入以上味料，装碗，撒上香菜即可。

【操作要领】

煨时要撇尽浮沫。

干锅烧羊柳

主辅料 羊柳、洋葱、青椒、红椒。

调料 盐、姜片、蒜末、蒜苗段干辣椒、味精、料酒、白糖、水淀粉、食用油各适量。

制作程序

❶ 洋葱洗净切丝；青椒、红椒洗净切丝；羊柳洗净切丝，加盐、味精、料酒、水淀粉、食用油腌渍入味。

❷ 锅中注油烧热，倒入肉丝滑熟捞出。

❸ 锅留底油，放入姜片、蒜末、干辣椒炒香，倒入洋葱、青椒、红椒炒匀。

❹ 再将肉丝倒入锅中，淋入料酒和适量水，调入味精、盐、白糖、水淀粉。

❺ 倒入蒜苗段，炒至汁干即成。

大蒜烧羊排

制作程序

❶ 羊排宰成约3厘米小块，入沸水中余水备用，青尖椒去两头。

❷ 锅中油烧三成热时，下大蒜炸熟捞出，青尖椒下油锅中约10秒钟捞出，再下羊排炸熟捞出。

❸ 锅中放少量的油，先下豆瓣、泡椒、姜炒香，加入鲜汤，勾入其他的调料，再放入羊排和大蒜，烧至羊排耙软离骨时放入青尖椒，再稍烧一下，下孜然粉，推转起锅即可。

主辅料 羊排、大蒜、青尖椒。

调料 豆瓣、泡椒、味精、鸡精、姜、孜然粉、鲜汤各适量。

泡姜烧仔兔

成菜特点
兔肉高蛋白低脂肪，老少皆宜。

主辅料 仔兔、泡姜、青笋、香菇。

调 料 花椒、料酒、葱、蒜、精盐、味精、鲜汤、精炼油各适量。

制作程序

❶ 仔兔洗净改成块，入碗加盐、料酒码味；泡姜、青笋切成菱形块；香菇切成方块。

❷ 锅中放精炼油烧热，下兔块过油，捞出沥油。锅中留少许底油，下入泡姜、葱、花椒、蒜炒香，加入盐、鲜汤烧沸，放兔块烧熟，再下青笋、香菇、味精略烧至入味，起锅装盘即成。

【操作要领】

兔块需冲去血水。同时，要注意原料的下锅顺序。

酸萝卜烧兔

成菜特点
成菜酸辣可口、解腻。

主辅料 净仔兔、酸萝卜、泡红椒、马耳葱。

调 料 鲜汤、水豆粉、精炼油、姜末、蒜末、葱末、精盐、味精、白糖、料酒、香油各适量。

制作程序

❶ 兔肉斩成小块，加入葱末、姜末、料酒码渍 15 分钟；酸萝卜切成条；泡红椒切成马耳朵形。

❷ 锅中下精炼油烧热，下兔肉过油，捞出备用。锅中留少许油，将泡红椒炒出色，放姜末、蒜末炒香，加鲜汤烧沸，调入精盐、味精、白糖、料酒，放入酸萝卜、兔肉块烧熟透，用水豆粉勾芡，下马耳葱，淋入香油，起锅装盘即成。

罗汉果烧兔肉

成菜特点
鲜美中有甜甜的果香。

主辅料 罗汉果、兔肉、莴笋。

调 料 料酒、姜片、葱段、酱油、精盐、味精、植物油、湿淀粉、鲜汤各适量。

制作程序

❶ 仔兔洗净改成块，入碗加盐、料酒码味；泡姜、青笋切成菱形块；香菇切成方块。

❷ 锅中放精炼油烧热，下兔块过油，捞出沥油。锅中留少许底油，下入泡姜、葱、花椒、蒜炒香，加入盐、鲜汤烧沸，放兔块烧熟，再下青笋、香菇、味精略烧至入味，起锅装盘即成。

❸ 锅内留适量油，再下入葱、姜、罗汉果、莴笋、料酒、酱油、精盐、味精炒香，放入兔肉、鲜汤烧至肉熟收汁时，以湿淀粉勾芡即可。

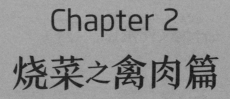

Chapter 2

烧菜之禽肉篇

葱烧鸡块

❶ 将鸡肉切块，加入精盐、酱油、料酒、姜、花椒稍腌，炒锅上火，放入花生油烧至七成热，放入鸡块炸至呈金黄色捞出。

❷ 葱段入油过一下捞出，把鸡肉放入锅内加清水，放葱段、酱油、白糖、味精烧开后，转微火烧煮，把鸡肉先盛入盘中，锅内原汁用少许水淀粉勾芡，淋在鸡肉上即成。

主辅料 鸡肉、葱段。

调 料 酱油、精盐、味精、白糖、料酒、姜、花椒、花生油、水淀粉各适量。

芋儿烧鸡

制作程序

❶ 将鸡宰成 4 厘米大小的块，芋儿去皮待用。

❷ 锅中放油，烧至七成热，将鸡块下锅，炸至金黄色，捞起。

❸ 锅中留油，将干辣椒节、花椒、三奈、八角、自制豆瓣油下锅炒香，加入鲜汤，放入鸡块，烧沸后放入芋儿，调味精、盐、料酒，放入高压锅中压 5 分钟起锅装盘，撒上葱花即成。

主辅料 芋儿、仔鸡。

调 料 干辣椒节、花椒、味精、色拉油、盐、料酒、三奈、八角、自制豆瓣油、葱花各适量。

野菌烧鸡

成菜特点

选用营养丰富的野菌和含蛋白质丰富的鸡肉一同烧制，使菜品的营养更加丰富。

主辅料 野菌、土鸡。

调料 生抽、盐、味精、鸡精、大葱各适量。

制作程序

❶ 将鸡肉宰成小块，野菌入锅中余水，大葱改节。

❷ 将鸡肉入锅中爆炒，待水气干时，加入鲜汤、野菌、调料，一起烧至鸡肉熟时，放入葱节，起锅装盘。

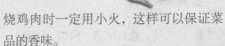

【操作要领】

烧鸡肉时一定用小火，这样可以保证菜品的香味。

筒筒笋烧土鸡

主辅料 土公鸡肉、干筒笋。

调料 菜籽油、豆瓣、干辣椒、花椒、香料、盐、料酒各适量。

制作程序

❶ 将鸡切成块，放入盐、料酒腌渍入味；干筒笋泡发后备用。

❷ 用菜籽油将豆瓣、香料、干辣椒、花椒等炒香，再加鸡块、筒笋一起煸炒，起锅即可。

成菜特点

笋味清香，味道鲜美，营养丰富，做法简单。

冬瓜烧鸡块

制作程序

❶ 嫩冬瓜去皮、去子、切块，光鸡砍成块，生姜去皮切片，葱切段。

❷ 烧锅加水，待水开时，放入冬瓜煮片刻，倒出待用。

❸ 另烧锅下油，待油热时，下姜片、鸡块，炒至鸡块变白时，下入冬瓜块，注入鸡汤，调入盐、味精、白糖、蚝油、葱段，用小火烧透入味，然后用湿生粉勾芡，淋入熟鸡油，撒上香菜即成。

主辅料 嫩冬瓜、鸡。

调料 花生油、盐、味精、白糖、蚝油、湿生粉、鸡汤、熟鸡油、生姜、葱、香菜各适量。

土豆烧鸡块

❶ 土鸡洗净剁块，土豆去皮切滚刀块待用。

❷ 锅内下油烧热，放入豆瓣、红椒、白糖，烹入料酒爆酥香后，掺鲜汤，放入姜、蒜熬香去渣。

❸ 鸡块入热油锅中爆香，倒入熬好的汤煮，打去浮沫，用小火烧至鸡将熟时下土豆烧熟，撒少许精盐、味精，改大火收汁即成。

主辅料 土鸡、土豆。

调 料 豆瓣、红椒、姜、蒜、精盐、味精、料酒、白糖、鲜汤、精炼油各适量。

川味生烧鸡

主辅料 土鸡肉、泡椒、青尖椒。

调 料 盐、醋、生抽、葱白段、红油、青花椒各适量。

制作程序

❶ 土鸡肉洗净剁成块；泡椒洗净切段；青尖椒洗净切段。

❷ 油锅烧热，下土鸡肉滑熟，注入适量清水煮沸，加入泡椒、青尖椒、青花椒、葱白段烧至入味。

❸ 调入盐、醋、生抽、红油，拌匀即可出锅。

成菜特点
成菜味道醇厚、香辣可口，口味丰富不单调。

干椒烧鸡块

成菜特点

成菜油而不腻，色香味俱全。

【操作要领】

鸡块放入水中焯一下。

主辅料　鸡肉、干辣椒。

调　料　盐、胡椒粉、酱油、葱段、香菜、姜片各适量。

制作程序

❶ 鸡肉洗净斩块；干辣椒洗净切斜段；香菜洗净。

❷ 油锅烧热，放入鸡块炒干水分，下干辣椒、葱段、姜片翻炒。

❸ 待熟后，调入盐、胡椒粉、酱油，出锅装盘，最后撒上香菜即可。

板栗烧鸡

主辅料 仔土鸡、板栗。

调 料 精炼油、鲜汤、姜片、葱节、精盐、味精、胡椒粉、料酒、香菜、糖色（糖色主要用于菜品上色，制法是把糖放入油里炒，待糖溶化并起小泡即成）各适量。

成菜特点

成品具有鸡肉鲜滑、板栗香甜、汁浓醇厚、色泽红亮、美观大方的特点。

制作程序

❶ 土鸡宰杀后洗净，剁成块；板栗去皮洗净待用。

❷ 锅中放入精炼油烧热，下鸡肉块、姜片、葱节爆炒至香，加入鲜汤、盐、味精、胡椒粉、料酒、糖色烧沸，再下板栗烧至熟透、鸡肉离骨时，装盘撒上香菜即成。

【操作要领】

烹制时要掌握好放栗子的时间，以免出现鸡肉与板栗不能同熟的现象。

肥肠烧鸡

制作程序

❶ 猪肥肠制净，入锅煮熟切成段；仔鸡入汤锅煮熟剁成块；青笋切滚刀块；魔芋切成条。

❷ 炒锅上火，烧油至三成热，放入豆瓣酱、青红小米椒节、姜末、蒜末、葱节炒香，待油呈红色时，掺入鲜汤，调入盐、白糖、料酒、胡椒，放入肥肠、鸡块烧至入味，下青笋、魔芋烧熟，放味精，用水淀粉收浓芡汁，起锅装于盆内，撒上香菜即可。

| 主辅料 | 猪肥肠、仔鸡、青笋、魔芋。 |
| 调 料 | 豆瓣酱、青红小米椒节、姜末、蒜末、葱节、盐、白糖、料酒、胡椒、味精、鲜汤、水淀粉、香菜、色拉油各适量。 |

板栗烧仔鸡

| 主辅料 | 仔鸡、板栗。 |
| 调 料 | 盐、味精、酱油、红油各适量。 |

制作程序

❶ 鸡洗净，切成小块；板栗煮熟，去壳，取肉备用。

❷ 油锅烧热，下鸡肉煸炒至变色，加板栗仁翻炒至熟，再加少许水焖5分钟。

❸ 加盐、味精、酱油、红油调味，盛盘即可。

成菜特点

鸡肉鲜嫩有韧性，板栗绵糯，醇甜中带有鲜香，咸鲜味浓，吃的是原汁原味。

红烧鸡翅

主辅料 鸡翅、土豆。

调料 盐、白糖、水淀粉、料酒、蚝油、糖色、姜片、葱花、干辣椒、豆瓣酱、辣椒油、花椒油、食用油各适量。

制作程序

❶ 鸡翅打花刀；土豆切块；鸡翅加盐、料酒、糖色腌制。

❷ 用油起锅，倒入鸡翅略炸捞出；倒入土豆块，炸熟后捞出。

❸ 锅底留油，放干辣椒、姜片、葱段、豆瓣酱、水、鸡翅、土豆炒匀焖熟。

❹ 用盐、白糖、蚝油、水淀粉勾芡，放入辣椒油、花椒油、葱花炒匀即可。

萝卜干烧凤翅

主辅料 鸡中翅、风干萝卜。

调料 郫县豆瓣、食盐、白糖、味精、香醋、料酒、色拉油、姜（片、末均可）、蒜末、水豆粉、鲜汤、葱段、葡萄酒各适量。

制作程序

❶ 鸡中翅用盐、料酒、姜片、葱段码味30分钟，汆水后取出，沥干水分。

❷ 炒锅置火上，下色拉油烧至七成热时，下汆水后的鸡翅，炸至微黄取出。

❸ 风干萝卜洗净，切为小条。

❹ 炒锅置火上，下色拉油烧至四成热时，放豆瓣、姜、蒜末煸香，加鲜汤，用食盐、白糖、味精、香醋、葡萄酒调味，去渣后放入鸡翅，烧至六成熟后放入萝卜条同烧，至熟软离骨即成。

苦瓜烧鸭

主辅料 光鸭、苦瓜。

调 料 油、盐、鸡精、酱油、姜片、料酒、鲜汤各适量。

制作程序

❶ 将鸭宰成4厘米大小的块，放沸水中氽一下水；苦瓜去籽切条待用。

❷ 锅中放油烧至七成热，把鸭块下锅爆炒，待鸭肉起油泡时加入姜片、料酒、鲜汤，烧开后捞去浮沫，改用小火，待鸭块八成熟时放入苦瓜，烧到苦瓜断生时放入盐、鸡精、酱油调味，烧入味起锅即成。

成菜特点

成菜色泽红亮，咸鲜不辣，肉质松软，回味微甜苦。苦瓜有清热解毒的作用。

酱烧鸭

主辅料 鸭。

调 料 盐、酱油、豆瓣酱、料酒各适量。

制作程序

❶ 鸭洗净，沥干水分，斩块，用料酒、酱油抹匀腌渍片刻。

❷ 油锅烧热，下鸭块炒干水分，加入清水、酱油、豆瓣酱烧开。

❸ 烧至汁浓油厚时调入盐，出锅装盘。

成菜特点

此菜色红油亮，肉质软烂，酱香味浓。

魔芋结烧鸡翅

主辅料 魔芋结、鸡翅。

调 料 盐、姜末、蒜末、葱末、鸡粉、老抽、生抽、料酒、水淀粉、食用油各适量。

制作程序

❶ 将洗净的鸡翅斩成小块，把鸡块放入碗中，淋入少许生抽、料酒，再撒上少许盐，拌匀，腌渍至入味。

❷ 用油起锅，下入姜末、蒜末，用大火爆香，放入腌渍好的鸡翅，快速炒至鸡肉转色，淋入少许料酒，炒香、炒透。

❸ 注入清水，淋生抽、老抽，加盐、鸡粉，调味，盖上盖子，煮沸后用小火焖煮约4分钟至鸡翅六成熟，揭开盖子，倒入魔芋结，炒匀。

❹ 盖好盖子，用小火续煮约3分钟至全部食材熟透，取下盖子，大火收干汁水，倒水淀粉勾芡，撒上葱末，炒至断生，关火后盛出即成。

【操作要领】

鸡翅本身带有油脂，煎制时，会煎出油脂，所以可以少放入食用油。

青黄豆烧鸭

❶ 将鸭肉去骨，改成小块（约15厘米大小），入沸水中余水。

❷ 蒜苗切粒，青黄豆入沸水中余熟备用。

❸ 另锅放油烧至七成热，入鸭肉爆炒，待水气干时放入豆瓣、泡椒、姜末、蒜末，炒出香味后，加入鲜汤、青黄豆、红尖椒粒、味精、鸡精同烧。

❹ 待水分要干时，放入花椒面、蒜苗粒，推转起锅。

主辅料 鸭肉、青黄豆。

调 料 花椒面、泡椒、姜末、蒜末、味精、鸡精、鲜汤、豆瓣、蒜苗粒、红尖椒粒各适量。

魔芋烧鸭

主辅料 老鸭、魔芋。

调 料 油、盐、味精、鸡精、红豆瓣、姜末、蒜末、葱段、红辣椒、鲜花椒、鲜汤各适量。

制作程序

❶ 魔芋切成1寸长的正方形，洗净余水。

❷ 老鸭用密制卤水卤好，切成2厘米见方的块待用。

❸ 锅入油烧至三四成热，下红豆瓣、姜末、蒜末、红辣椒、鲜花椒炒香，加汤，下魔芋、老鸭、葱段，调入盐、味精、鸡精，烧好捞入盘中。

❹ 锅烧油，淋在面上即成。

成菜特点

成菜色泽红亮，魔芋酥软细腻，鸭肉肥酥，滋味咸中带鲜、辣而有香。

魔芋泡菜烧鸭

成菜特点

成菜色泽红亮，魔芋酥软细腻，鸭肉肥酥，滋味咸中带鲜、辣而有香。

主辅料 仔鸭肉、魔芋、酸萝卜、野山椒。

调料 鲜辣椒末、红椒块、鲜汤、花椒、精炼油、泡仔姜片、大葱节、蒜末、胡椒粉、鸡精、味精、香油、料酒、精盐各适量。

制作程序

❶ 鸭肉去大骨，切成"一"字条，下锅爆炒待用；魔芋、酸萝卜切成"一"字条后用沸水焯一下。

❷ 锅中放入精炼油烧热，加入鲜辣椒末、花椒、蒜末煸炒出香味去渣，下仔鸭肉、酸萝卜条、泡仔姜片、野山椒炒出酸菜味，掺鲜汤，加魔芋条、红椒块、胡椒粉、盐、料酒、大葱节，烧至鸭肉离骨、魔芋入味，改中火自然收汁，放鸡精、味精、香油起锅即成。

啤酒烧鸭

❶ 锅中注入清水烧开，倒入处理好的鸭肉块，余煮去除血水。

❷ 将鸭肉块捞出，沥干水分，待用。

❸ 热锅注油烧热，倒入姜片，爆香。

❹ 倒入鸭肉块、冰糖，快速炒至冰糖熔化。

❺ 放入豆瓣酱，炒匀。

❻ 倒入啤酒，搅拌匀，淋入生抽，拌匀。

❼ 大火煮开后转小火煮10分钟，加入盐、鸡粉，翻炒调味。

❽ 关火后将鸭肉块盛出装入碗中，撒上葱花即可。

主辅料 鸭肉块、啤酒。

调料 生抽、盐、鸡粉、食用油、冰糖、豆瓣酱、姜片、葱花各适量。

蚕豆烧鸭掌

制作程序

❶ 鸭掌去骨去爪尖保持原形，放入加有姜、葱、料酒的沸水中煮熟；部分泡椒剁成末；泡姜切成末；香葱切节；蚕豆煮熟去壳备用。

❷ 泡椒油入锅烧热，再加入整泡椒、泡姜末、泡椒末炒香，放入鸭掌炒匀，加入精盐、胡椒粉、醪糟汁、鲜汤、味精、鸡精、蚕豆、葱节烧入味，最后用豆粉勾芡，淋香油、花椒油，装盘即成。

主辅料 生鸭掌、鲜蚕豆。

调料 泡椒、泡椒油、泡姜、醪糟汁、香葱、精盐、胡椒粉、姜、香油、味精、花椒油、料酒、鸡精、豆粉、鲜汤各适量。

香菇烧鸭肫

成菜特点
脆嫩兼得，咸甜并俱，鲜醇味美。

主辅料 鸭肫、香菇（去柄）。

调 料 味精、精盐、青红椒块、蚝油、姜、葱、豆粉、葱油、鲜汤各适量。

制作程序

❶ 鲜鸭肫洗净改花刀，入高压锅至熟取出；香菇加水、精盐、葱、姜，上笼蒸熟，改刀备用。

❷ 锅内放入葱油、鲜汤、鸭肫、香菇、味精、青红椒块、蚝油同烧，待香菇入味时，勾芡装盘即成。

【操作要领】

鸭肫和香菇不能太熟烂。

泡菜烧鹅翅

主辅料 鹅翅、泡菜。

调料 精盐、味精、白糖、香料（八角、山奈、香叶、小茴香）、精炼油、鲜汤、香菜各适量。

制作程序

❶ 鹅翅洗净，切成段；泡菜切段。

❷ 锅置火上，掺油烧热，下泡菜炒香，放入香料、鲜汤烧沸，撇去浮沫，用精盐、味精、白糖调好味，再加入鹅翅烧熟烧透，撒上香菜即可。

成菜特点

鹅翅肥大，肉质细嫩，所含胶原蛋白质尤多。厨师将其与泡菜相配，滋味鲜美，助人食欲。

苦荬烧鹅掌

主辅料 鹅掌、苦荬。

调料 盐、味精、鸡精、姜、葱、料酒各适量。

制作程序

❶ 先将鹅掌洗干净汆水，苦荬焯水待用。

❷ 将锅置火上，入少许油，将鹅掌、姜、葱煸香，掺入清水，放盐，用大火烧开，然后移至中火炖至七成熟，加入苦荬炖出味，调入味精、鸡精即成。

成菜特点

苦荬是夏季清热食物。

Chapter 3
烧菜之水产篇

豆瓣烧鱼

成菜特点

豆瓣烧鱼是川菜中较传统的家常菜。成菜后，咸鲜微辣，略带回甜，色泽红亮，菜形完整。

主辅料 老豆瓣、整鱼。

调 料 姜、蒜末、味精、白糖、醋、料酒、鲜汤、葱各适量。

制作程序

❶ 将鱼杀好制净，在鱼背的两面各划 3～5 道十字花刀，码盐、姜、葱 10 分钟，入七成热的油锅中炸紧皮，捞出待用。

❷ 葱白切成颗备用。

❸ 锅入油，下老豆瓣、姜、蒜、料酒，烧成豆瓣汁，入鱼，掺鲜汤淹过鱼身，调好味，烧制 20 分钟左右，将鱼捞出摆在盘中，将烧鱼的原汁入葱颗，再收 2 分钟浇在鱼身上即成。

【操作要领】

鲤鱼身上的腥线一定要抽出，以免会有腥味；鱼要清洗得足够干净，特别是鱼肚。

巴蜀干烧鱼

成菜特点

鲈鱼肉质细嫩、味美清香，成菜颜色红亮，味道
咸鲜带辣回甜，营养和药用价值都很高。

主辅料　鲈鱼、红椒。

调　料　盐、辣椒油、生抽、
料酒、水淀粉、葱丝
各适量。

制作程序

❶ 鲈鱼洗净，两侧划上几刀，抹盐、料酒腌渍；
红椒洗净切丝。

❷ 油锅烧热，入鲈鱼炸至浅黄色，加清水、辣椒
油、生抽烧熟，捞出装盘。

❸ 放盐后，水淀粉勾芡，芡汁淋在鲈鱼上，撒上
红椒丝、葱丝。

【操作要领】

鱼尽量要煸透，干烧的要点就是将鱼煸
透，然后再让鱼尽量吸收汤汁。

干烧黄鱼

成菜特点

既可下酒又可佐餐，香鲜微辣。

主辅料　黄鱼、草菇、冬笋、豌豆、五花肉、红辣椒。

调　料　豆瓣酱、葱花、姜末、蒜末、料酒、盐、白糖、鸡精、老抽酱油、精炼油各适量。

制作程序

❶ 黄花鱼剖杀，去掉内脏，在鱼身两面剞花刀，用盐、料酒、葱姜水腌15分钟；冬笋、五花肉、草菇均切成丁，红辣椒切成圈。

❷ 锅中加入精炼油烧七成热，下入黄鱼煎至两面发黄。

❸ 锅中加入少许油烧热，放入豆瓣酱、葱花、姜末、蒜末炒香出色，下五花肉丁炒干水汽，加入草菇丁、豌豆和冬笋丁同炒至熟，再加入黄鱼、红辣椒、清水、盐、白糖、鸡精、料酒、酱油，烧至鱼熟透时，起锅装盘即可。

土法烧大鲫鱼

❶ 鲫鱼剖杀，加入盐码味；香菇去蒂洗净，切成粒。

❷ 锅中加油烧热，下入鲫鱼炸一下。

❸ 锅中放入猪油烧热，下卤牛肉粒、香菇粒，加入牛肉酱、辣妹子香辣酱、海鲜酱炒香，加入高汤烧沸，再放入鱼、味精、盐、味精、鸡精、白糖、胡椒粉烧熟入味，撒上葱花即可。

主辅料 大鲫鱼、香菇、卤牛肉粒。

调料 牛肉酱、辣妹子香辣酱、海鲜酱、味精、盐、味精、鸡精、白糖、胡椒粉、高汤、葱花各适量。

双鲜烧鳜鱼

制作程序

❶ 将鳜鱼杀洗干净后去掉皮骨，将净鱼肉切成豌豆般大小均匀的鱼粒，洗净沥去水分，加入精盐、味精、鸡蛋清、料酒、干淀粉拌匀待用。

❷ 玉米粒焯水后沥干水分；松子仁下锅用温油炸熟，捞出沥油；取炒锅上火烧热，放入色拉油，烧至四成热时，将鱼粒下锅滑油至熟后捞出沥油。

❸ 原锅留少许油，下入葱花略煸，加入黄嫩玉米、料酒、鸡清汤烧沸，勾薄芡，倒入鱼粒、松子仁炒匀，至收汁盛盘。

主辅料 鳜鱼、黄嫩玉米粒、松子仁。

调料 精盐、味精、料酒、鸡蛋清、鸡清汤、葱花、色拉油、干淀粉、湿淀粉各适量。

原汁烧汁焖黄鱼

主辅料 黄鱼。

调料 盐、酱油、料酒、辣椒酱、香菜、蒜各适量。

制作程序

❶ 黄鱼洗净，打上花刀，加盐、料酒腌渍；蒜去皮洗净。

❷ 油锅烧热，下蒜炒香，入黄鱼煎至两面金黄，放盐、酱油、料酒、辣椒酱拌匀。

❸ 倒入清水烧开，焖煮至熟，撒上香菜即可。

成菜特点

成菜肉质细嫩，味道鲜美。

干烧岩鲤

制作程序

❶ 将鱼洗净后，用刀在鱼身两面剞数刀（以切破皮为准），用料酒、盐码味约10分钟，放入八成热的油锅中炸至紧皮时捞起待用。

❷ 油锅烧热，下豆瓣、泡红椒炒至红亮时，下姜蒜末，掺清水熬煮几分钟后，撇去渣子和浮沫，下料酒、盐、味精和白糖，将炸好了的鱼放入锅内，烧沸后移至小火上，另下火腿肥肉粒，烧至鱼肉快离骨入味时，再将锅移至旺火上收干汤汁，起锅装入盘中。锅中余汁用中火收浓至亮油，下入葱颗，烹入几滴醋，起锅淋于鱼身上即成。

主辅料 岩鲤、火腿肥肉粒。

调料 葱颗、郫县豆瓣、姜蒜末、料酒、泡红椒、白糖、精盐、味精、醋、精炼油各适量。

五鲜烧鲳鱼

成菜特点
鲳鱼肉厚、刺少、味佳，营养丰富。

主辅料 鲳鱼、瘦肉丝、冬笋丝、木耳丝、香菇丝、圆红椒丝。

调 料 葱姜丝、精盐、鸡精、白糖、香醋、料酒、花生油、酱油、香油、高汤各适量

制作程序

❶ 将鲳鱼宰杀后处理干净，抹上少许酱油，放入热花生油锅内煎炸至呈金黄色，捞出沥油。

❷ 另起油锅，放入白糖炒至变色，加入瘦肉丝、冬笋丝、木耳丝、香菇丝、圆红椒丝、葱姜丝炒匀，添入高汤烧开。

❸ 放入炸好的鲳鱼，调入精盐、鸡精、香醋、料酒、酱油，用大火烧开，转用慢火烧熟，再用大火收浓汤汁，最后淋入香油即可出锅。

干烧福寿鱼

制作程序

❶ 蒜苗切段；福寿鱼两面都切上一字花刀，装盘，淋上生抽，撒上盐和鸡粉抹匀，均匀地撒上面粉，腌渍片刻。

❷ 热锅注油，烧至六成热，放入福寿鱼炸约 15 分钟，将鱼翻面，再炸 1 分钟至熟透，把炸好的福寿鱼捞出备用。

❸ 锅留底油，倒入姜片、蒜末、葱白、干辣椒炒出香味，注入适量清水，放入豆瓣酱，淋入生抽和老抽，加入鸡粉和盐，煮至沸腾。

❹ 锅中放入福寿鱼，煮至入味，盛出装盘，在原汤汁中放入蒜苗，加入水淀粉，把原汤汁制成稠汁，再将稠汁浇在鱼身上即可。

主辅料 福寿鱼。

调 料 蒜苗、干辣椒、姜片、蒜末、葱段、鸡粉、盐、面粉、豆瓣酱、生抽、老抽、水淀粉、食用油各适量。

泡椒烧江团

制作程序

❶ 江团宰杀洗净，在鱼背上剞上刀，入盆加盐、料酒、姜片、葱段、胡椒粉拌匀腌渍至入味。泡辣椒去蒂去籽，剁成茸。

❷ 江团入七成热的油锅中炸至表皮色黄时捞起。

❸ 泡辣椒茸、姜末、蒜末入热油锅炒香，掺鲜汤，下江团，加盐、白糖、酱油、胡椒粉调好味，烧至鱼肉熟软时，捞起装入盘中。锅内汤汁，下入水淀粉勾芡，待收汁亮油后，放入味精、醋和葱花炒匀，起锅浇于烧好的鱼身上即可。

主辅料 江团。

调 料 泡辣椒、姜片、姜末、蒜末、葱花、葱段、盐、酱油、醋、料酒、味精、白糖、胡椒粉、鲜汤、水淀粉、色拉油各适量。

米豆腐烧鲫鱼

成菜特点
鲫鱼易消化吸收，味道鲜美，营养价值
丰富。

制作程序

❶ 鲫鱼宰杀，洗净；米豆腐切成3厘
米长的条，入沸水锅中氽水。

❷ 锅下油烧至四成热，下香辣酱、豆瓣、
芽菜、蚝油、姜末、蒜末炒香，掺鲜
汤，烹入料酒，放进鲫鱼、米豆腐同
烧5分钟，然后再调入白糖、味精、
芹黄吃好味，用淀粉勾芡，起锅装盘，
撒上香菜即成。

主辅料 鲫鱼、米豆腐、芽菜。

调 料 姜蒜末、蚝油、香辣酱、芹黄、
豆瓣、白糖、味精、淀粉、料酒、
鲜汤、香菜各适量。

蒜烧石爬鱼

主辅料 石爬鱼、独蒜头。

调 料 秘制家常油、精炼油、精盐、
味精、姜末、鲜汤、白糖、
鸡精各适量。

制作程序

❶ 将石爬鱼洗净，独蒜剥皮去头尾；锅
中下精炼油烧热，大蒜过油捞出待用。

❷ 另锅下家常油，掺鲜汤，下各种调
料烧出味，捞去料渣，放入石爬鱼
和独蒜，待两者熟透入味时，起锅
装盘即成。

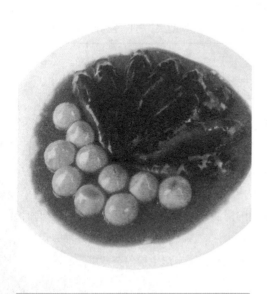

成菜特点
成菜油汁红亮，味兼咸甜，鲜香醇浓，鱼肉
细嫩。

鲜茄烧鱼片

成菜特点

鱼片加入茄子，味道更特别，营养更丰富！

主辅料 嫩茄子、鲩鱼肉。

调 料 红椒、生姜、葱、花生油、盐、干生粉、鸡汤、味精、蚝油、湿生粉各适量。

制作程序

❶ 茄子去皮切长块，鱼肉切片，红椒切片，生姜去皮切片，葱切段，鱼肉加干生粉拌匀。

❷ 烧锅下油，待油温100℃时下鱼片，炸至呈金黄捞起，再下茄子炸至呈金黄倒出。

❸ 锅内留油，放入姜片、葱煸香，投入茄子、鱼片，注入少许鸡汤，调入盐、味精、蚝油，用中火烧透入味，再用湿生粉勾芡即可。

【操作要领】

炸鱼片时，油温应先高后低，炸过的茄子，要把油滴干，以免烧时油多。

泡椒烧带鱼

主辅料 带鱼、泡辣椒。

调 料 泡姜、野山椒、盐、糖、味精、生粉、黄油、姜片、黄葱各适量。

制作程序

❶ 带鱼洗净，切成 5 厘米长的块，加盐、泡姜腌制，黄葱斜切成 1 寸长的段。

❷ 泡姜切片，野山椒切碎。

❸ 锅烧热油，下泡辣椒、野山椒、泡姜炒香后掺汤，下带鱼烧至熟后放入黄葱、味精，用生粉勾芡即可。

成菜特点

用居家自制泡辣椒烧的带鱼，风味浓郁，口感厚重，特别能突出四川家常菜的特色。

四季豆烧鲢鱼

主辅料 鲢鱼、四季豆。

调 料 泡椒、山椒水、精盐、鸡精、植物奶（如豆奶、杏仁奶、大麦奶粉）、精炼油、鲜汤各适量。

制作程序

❶ 鲢鱼洗净，切块后用精盐码味，过油备用；四季豆洗净，焯熟待用。

❷ 鲜汤入锅烧沸，加入鱼块、四季豆同烧，再加入山椒水、泡椒、盐、鸡精，起锅装盘，放植物奶即可。

成菜特点

鲜香爽口，美味无穷。

活烧花鲢

成菜特点

鱼肉细嫩，咸香鲜辣，香味浓郁。

主辅料 花鲢。

调 料 葱白、生鲜椒、野山椒、酸菜、香菜、葱花、精盐、味精、精炼油各适量。

制作程序

❶ 将鲢鱼洗净；生鲜椒、野山椒、酸菜切细；葱白切段拍破。

❷ 锅置火上，倒油烧热，放入生鲜椒、野山椒、酸菜翻炒，炒至香味出时，将鱼放入锅内稍烧，放精盐、味精调味，起锅前撒入葱白。装盘时勾入汁水，撒上葱花即成。

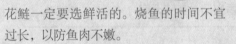

【操作要领】

花鲢一定要选鲜活的。烧鱼的时间不宜过长，以防鱼肉不嫩。

老豆腐烧鲢鱼

成菜特点
鱼肉和豆腐吃起来蘸满汤汁，鲜美无比，浓香四溢。

主辅料 仔鲢鱼、豆腐、芹菜。

调料 a料：盐、胡椒、料酒、姜葱汁、水淀粉；泡辣椒茸、豆瓣酱、姜末、蒜末、盐、白糖、醋、味精、鲜汤、水淀粉、色拉油、葱花各适量。

制作程序

❶ 仔鲢鱼剁成块，加 a 料拌匀码味 15 分钟；豆腐切成块；芹菜切段。

❷ 仔鲢鱼入热油锅中炸熟，捞起沥尽油；豆腐入沸水锅中煮透。

❸ 炒锅上火，烧油至四成热，下入泡辣椒、豆瓣酱、芹菜、姜末、蒜末炒至油红味香，掺入鲜汤，放入仔鲢、豆腐，调入盐、白糖烧至入味，调入醋、味精，用水淀粉勾芡，起锅装入盘中，撒上葱花即可。

蒜仔烧甲鱼

❶ 甲鱼宰杀后剁成块，入盆加a料拌匀码味；独大蒜入沸水锅煮至断生；青红椒切圈；蒜苗切节。

❷ 炒锅内烧油至五成热，倒入甲鱼炸干表面水汽捞起沥尽油。

❸ 锅内留油少许，放入豆瓣酱、姜末炒香，掺入鲜汤，放入甲鱼、独大蒜，下盐、酱油、白糖、胡椒、料酒调好味。待甲鱼快熟软时，放入青红椒、蒜苗，调入味精，用水淀粉勾芡，起锅装入煲中即可。

主辅料 甲鱼、独大蒜、青红椒。

调 料 a料：姜葱汁、料酒、胡椒；蒜苗、豆瓣酱、姜末、盐、酱油、白糖、胡椒、料酒、味精、鲜汤、水淀粉、色拉油各适量。

山药烧裙边

主辅料 甲鱼裙边、山药、五花肉、鸡。

调 料 葱、姜、黄酒、红油、盐、水淀粉、胡椒粉各适量。

制作程序

❶ 裙边放入开水锅内烫一烫取出，洗净后切成大小均匀的片；山药切成长条状，入沸水中汆熟捞出。

❷ 五花肉、鸡分别剁成块开水焯过血秽后，与裙边一起放入锅内，加入黄酒、葱、姜和适量的水，以大火烧开，中火煨至裙边八成熟烂捞出。

❸ 锅中放红油烧至七成热，放入葱姜末、煨裙边的汤，调好口味。

❹ 放入裙边、山药，放少许胡椒粉、水淀粉勾兑芡出锅即可。

大蒜烧鳝鱼

成菜特点
鳝鱼滑嫩，滋味浓郁，整粒的大蒜经过烧制以后绵软回甜。

主辅料 鳝鱼、大蒜。

调料 泡海椒、姜、葱、盐、胡椒粉、花椒、豆瓣酱、植物油、黄瓜各适量。

制作程序

❶ 将蒜头洗净，拍碎；鳝鱼去肠脏，洗净，切段；姜洗净；泡海椒切段；黄瓜切片。

❷ 炒锅放油加热至七成热，放入豆瓣酱、蒜头、姜片、泡椒爆香，加入鳝鱼翻炒，再加清水以小火焖20分钟，放入黄瓜片煮断生，放入盐、胡椒粉、花椒调味，起锅装盘撒上葱花即可。

【操作要领】
鳝鱼要刮制后，清洗去除血污，确保炒制后汤色红亮。

鸭血烧鳝鱼

主辅料　鸭血、鳝鱼片。

调料　泡辣椒酱、泡姜、野山椒、鲜花椒、味精、糖、生粉、醋、黄酒、香葱节各适量。

制作程序

❶ 鸭血改刀成块状，泡姜切片，野山椒切碎。

❷ 锅烧油，下鳝鱼稍爆，放入调料炒香，加汤，放入鳝鱼、鸭血，烧至入味后，用生粉勾芡，放入香葱节即可。

成菜特点

鸭血能去除体内杂质，鳝鱼能增强体质。

松茸烧脆鳝

主辅料　松茸、活鳝鱼。

调料　独蒜、青红小米辣椒节、香水鱼火锅底料（袋装）、豆瓣、精盐、酱油、白糖、料酒、青花椒、鸡汁、鲜汤、水豆粉、香油、花椒油、精炼油、姜各适量。

制作程序

❶ 松茸、青红小米椒改刀成节，活鳝鱼去尾改刀成菊花状，用牙签挑出鳝鱼的内脏，入沸水氽制待用。

❷ 锅内入油烧热，下豆瓣、火锅底料、姜、料酒炒至油红出香味。

❸ 倒入独大蒜、松茸、小米辣节、菊花鳝、青花椒略炒。掺入鲜汤，放入酱油、白糖、鸡汁烧入味至熟，放花椒油、香油勾上水豆粉，亮汁、亮油，起锅装盘拼摆成形即成。

白烧鳝鱼

成菜特点
颜色褐黄，鳝段整齐，肉嫩汁浓，味道咸鲜。

主辅料 鳝鱼。

调　料 料酒、葱花、姜丝、精盐、胡椒粉、湿淀粉、精炼油、香菜各适量。

制作程序

❶ 鳝鱼剖杀后去内脏，洗净，斩成段。

❷ 锅下精炼油烧热，放入葱花、姜丝炒香，下鳝鱼段炒片刻，加入料酒、精盐及少量清水，烧开后改用小火，待烧至鳝段熟透时，撒入胡椒粉，用湿淀粉勾芡，撒上香菜即可。

【操作要领】

鳝鱼段要斩得长短均匀。

石锅腊肉烧鳝段

主辅料 腊肉、鳝鱼。

调 料 青红椒、香菜、精盐、味精、鸡精、胡椒粉、白糖、辣椒油、香辣酱各适量。

制作程序

❶ 鳝鱼剖杀切成段，青红椒对切后再切成鳝段一样长的节；石锅烧热，待用。

❷ 锅中加入精炼油烧热，下入鳝鱼炸成卷形，捞出。锅中留少许油，下入辣椒油、香辣酱、青红椒、腊肉炒香，再加入鳝鱼、精盐、味精、鸡精、胡椒粉、白糖翻匀，起锅放入石锅中，撒上香菜即可。

成菜特点

腊肉和鳝肉的脂肪互相浸润，吃到嘴里，腊肉芳香，鳝肉鲜美，美妙无比。

莴笋烧鳝段

主辅料 鳝鱼、莴笋。

调 料 盐、酱油、红油、辣椒、蒜瓣各适量。

制作程序

❶ 鳝鱼洗净，去头尾，切段，用盐、酱油腌渍；莴笋洗净切段；辣椒洗净切段。

❷ 油锅烧热，下入蒜瓣、辣椒、鳝鱼炒香，放入莴笋，加水焖3分钟。

❸ 放盐、酱油、红油炒匀，大火收汁，盛盘即可。

成菜特点

黄鳝肉嫩味鲜，营养价值甚高。

面皮烧鳝鱼

成菜特点

此菜是一道大众川菜，其成菜色泽红亮、麻辣鲜香，搭配一点面皮，吃起来更是别有一番风味。

【操作要领】

汤汁不宜太少。

主辅料　鳝鱼、面皮。

调　料　豆瓣、姜蒜末、生抽、料酒、香油、花椒油、折耳叶各适量。

制作程序

❶ 将鳝鱼洗净，改成 15 厘米长的段，面皮做成 4 厘米的条。

❷ 锅内入油，炒香上述调料，入调味料，加汤，去渣。

❸ 取汤加入面皮、鳝鱼同煮，收汁，放上折耳叶即可。

豆豉烧鱿鱼仔

主辅料 鱿鱼仔、豆豉。

调料 青红辣椒末、精炼油、鲜汤、蒜末、姜末、酱油、鸡精、料酒、香油、白糖、精盐各适量。

制作程序

❶ 鱿鱼仔洗净。

❷ 用热精炼油爆香姜末、蒜末、青红辣椒末、豆豉，加入料酒、鲜汤烧沸，放入鱿鱼仔、酱油、鸡精、精盐和白糖，以小火焖煮至汁收干，滴入香油，装盘即可。

成菜特点

制作简单，口味香辣鲜香。

干烧东海大明虾

制作程序

❶ 明虾洗净，背部开刀，去掉沙筋备用；香菇切片。

❷ 净锅加精炼油烧热，下明虾炸至呈红色时捞出。

❸ 锅中留少许油，加入豆瓣、泡椒、姜末、葱末、蒜末、肉末、香菇片煸炒，随即下入明虾，烹入老抽、料酒、清水，小火煨片刻改中火收汁，用精盐、白糖等调好味，淋红油及香醋装盘即可。

主辅料 东海明虾、猪肉末、香菇。

调料 姜末、蒜末、葱末、豆瓣、泡椒、料酒、香醋、白糖、老抽、精盐、红油、精炼油各适量。

串烧竹篮虾

主辅料 鲜基围虾、油辣椒。

调料 料酒、盐、豉油、姜末、葱花各适量。

制作程序

❶ 将鲜活基围虾去头，加所有调料腌渍入味，串上竹签备用。

❷ 将油锅里的油烧至四成热，放入基围虾，炸至外酥内嫩，起锅装盘。

❸ 油辣椒炒香，然后放在炸好的基围虾下面即可。

成菜特点

虾肉鲜美，香辣可口，色泽红亮。

粉丝烧蟹

制作程序

❶ 肉蟹斩成小块，扑上豆粉，放入精炼油中过油；粉丝用热水发透；猪肉末用小火煸香。

❷ 锅中放入精炼油烧热，下豆瓣、泡椒、姜末、蒜末炒香出色，掺入鲜汤，加入盐、味精、鸡精、白糖、胡椒粉、料酒烧沸，捞去渣，再加进蟹块、粉丝、猪肉末烧熟透，起锅装入浅钵中，撒上葱花、香菜即成。

主辅料 肉蟹、粉丝、猪肉末。

调料 泡椒、精炼油、豆粉、鲜汤、姜末、蒜末、葱花、香菜、豆瓣、精盐、味精、鸡精、白糖、胡椒粉、料酒各适量。

干烧辽参

制作程序

❶ 水发辽参入汤锅，加姜、葱、料酒焯水，起锅连汤装入盆内；冬笋、水发香菇切成丁，入沸水锅焯水捞起。

❷ 锅内烧油至五成热，下猪碎肉、精盐炒至酥香，放少许酱油起锅，装入碗内待用。

❸ 炒锅置旺火上，放入油烧至四成热，放入泡辣椒茸、姜末、蒜末炒香，掺入鲜汤，调入盐、酱油、白糖、醪糟汁，放入辽参、冬笋、水发香菇烧沸后，加芽菜、肉末同烧。待汁干亮油时，加味精、香油，撒入葱花起锅装入盘内即成。

主辅料 水发辽参、猪碎肉、冬笋、水发香菇。

调 料 泡辣椒茸、芽菜、醪糟汁、酱油、料酒、盐、味精、白糖、葱、姜、蒜、鲜汤、香油、色拉油各适量。

葱烧海参

主辅料 水发海参、葱段。

调 料 黄酒、糖色、盐、酱油、味精、湿淀粉、油、鸡油、麻油、清汤、姜各适量。

制作程序

❶ 把葱、姜洗净，葱切成段；将海参放入开水锅中煮约2分钟后取出，压干水分；葱段用热油锅炸成金黄色。

❷ 另用葱段、姜丝炝锅，将海参倒入锅内，煸炒约3分钟后，加盐、黄酒、酱油、味精、清汤、糖色和炸过的葱段，用小火煸约2分钟，再转大火下湿淀粉勾浓芡，浇上鸡油、麻油即成。

成菜特点
颜色油亮、葱香四溢、海参香滑、咸鲜适中、入口微甜。

干烧鱼唇

成菜特点

肉质酥烂，绵软滑润，味道香浓。

主辅料 水发鱼唇、猪肉、冬笋、水发香菇、菜心。

调 料 芽菜、醪糟汁、酱油、料酒、盐、味精、白糖、葱、姜末、蒜末、鲜汤、香油、色拉油各适量。

制作程序

❶ 水发鱼唇切成条，入加姜、葱、料酒的汤锅内焯水，起锅连汤装入盆内；猪肉切成丁；冬笋、水发香菇分别切成丁，入沸水锅焯水捞起。

❷ 锅内烧油至五成热，下猪肉丁、精盐炒至酥香，放少许酱油起锅，装入碗内待用。

❸ 炒锅置旺火上，放入油烧至四成热，放入泡辣椒茸、姜末、蒜末炒香，掺入鲜汤，调入盐、酱油、白糖、醪糟汁，将鱼唇从汤中捞起放锅内，加芽菜、肉末、冬笋、水发香菇同烧。待汁干亮油时，下味精、香油炒匀，起锅装入盘内。菜心焯水摆在盘内即成。

凉粉烧牛蛙

成菜特点

此菜采用农家米凉粉与牛蛙同烹，色泽红亮，牛蛙细嫩滑软，香辣中略带泡菜的酸，非常耐吃。

【操作要领】

要去掉汤料渣，以免影响出品效果。

主辅料　牛蛙、米凉粉。

调　料　盐、味精、料酒、泡姜、泡椒、老抽、醋、香油、花椒油、蒜、香菜各适量。

制作程序

❶ 将牛蛙去头，剐皮后去内脏，斩成块，码味。

❷ 米凉粉改成2厘米见方的块，泡椒、泡姜、蒜切碎。

❸ 锅内下油，下泡椒、泡姜、蒜炒香，加汤，调入味料熬制，牛蛙入油锅滑散。

❹ 取汤料放入牛蛙、凉粉同煮至入味，起锅撒上香菜即成。

西芹烧牛蛙

主辅料 牛蛙、西芹。

调 料 酱油、料酒、盐、鸡精、红油、花椒、泡椒、香菜各适量。

制作程序

❶ 牛蛙洗净，切块；西芹洗净，切段。

❷ 油锅烧热，下牛蛙，调入酱油、料酒和红油，炒至变色后加入泡椒、花椒和西芹略炒。

❸ 加适量水烧至熟透，加盐和鸡精调味，撒上香菜即可。

成菜特点
色泽油亮，香辣味浓，口感醇厚。

烧什锦

制作程序

❶ 熟猪心、猪舌、猪肚分别切成条；胡萝卜、青笋、冬笋也切成条。

❷ 猪心、猪舌、猪肚、胡萝卜、青笋、冬笋分别入沸水锅焯水，捞起沥尽水备用。

❸ 锅内放油适量，烧至五成热，放入葱段、姜片爆香，掺入鲜汤，调入盐、胡椒、料酒，依次下猪心、猪舌、猪肚、油炸肉丸、冬笋、胡萝卜、青笋烧至味香肉熟软，最后放入味精，用水淀粉收浓芡汁，起锅装于盘内即可。

主辅料 油炸肉丸、熟猪心、猪舌、猪肚、胡萝卜、青笋、冬笋。

调 料 葱段、姜片、盐、胡椒、料酒、味精、鲜汤、水淀粉、色拉油各适量。

豆瓣烧草鱼

成菜特点

豆瓣烧鱼，把鱼的鲜味和豆瓣的香味融于一体，飘香四溢，好吃得让你停不下来。

主辅料	草鱼、莲藕。
调　料	豆瓣酱、蒜末、葱末、酱油、白糖、盐、辣椒油、淀粉各适量。

制作程序

❶ 草鱼洗净；莲藕洗净切片。

❷ 草鱼用盐、酱油略腌，抹上淀粉，煎熟盛盘。

❸ 锅底留油，下蒜末、豆瓣酱、白糖、酱油、辣椒油、水，烧开，放入草鱼、莲藕片烧至熟透，撒上葱末即可。

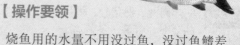

【操作要领】

烧鱼用的水量不用没过鱼，没过鱼鳍差不多就可以了。

Chapter 4
烧菜之素菜篇

雪菜烧豆腐

成菜特点

这道菜营养丰富，汤味鲜美。

主辅料 雪菜、嫩白豆腐。

调 料 色拉油、盐、味精、枸杞、生姜、白糖、湿生粉、熟鸡油、清汤各适量。

制作程序

❶ 雪菜切碎洗净；嫩白豆腐切成小块；枸杞泡透；生姜去皮切成末。

❷ 锅内加水，待水开时，投入雪菜，烫熟捞起，用凉水冲透，抓干水分。

❸ 另烧锅下色拉油，放入姜末，注入清汤，下白豆腐块，用中火烧开，下入雪菜、枸杞，调入盐、味精、白糖烧透，然后用湿生粉勾芡，淋入熟鸡油，出锅入碟即成。

家常豆豉烧豆腐

成菜特点
成菜滋味浓郁，相当的下饭。

主辅料 豆腐、豆豉。

调 料 蒜末、葱花、彩椒、盐、生抽、鸡粉、辣椒酱、食用油、水淀粉各适量。

制作程序

❶ 洗净的彩椒切粗丝，再切成小丁；洗好的豆腐切成条，改切成小方块。

❷ 锅中注水烧开，加少许盐，倒入豆腐块，拌匀，焯煮约1分钟，去除酸味，捞出焯煮好的豆腐，沥干水分待用。

❸ 用油起锅，倒入豆豉、蒜末，爆香，放入彩椒丁，炒匀，倒入豆腐块，注入适量清水，轻轻拌匀。

❹ 加入少许盐、生抽、鸡粉、辣椒酱，拌匀调味，煮至食材入味，倒入水淀粉，轻轻拌匀，至汤汁收浓，关火后盛出，撒上葱花即可。

【操作要领】

豆腐小心煎至两面金黄，要注意，豆腐很嫩，容易煎烂。

蒜苗烧豆腐

成菜特点

豆腐具有涤尘、解毒和清肺的功效。

主辅料 豆腐、蒜苗、红辣椒。

调 料 红油、盐、鸡精、酱油、水淀粉各适量。

制作程序

❶ 把豆腐洗净切丁；蒜苗、红辣椒洗净切碎。

❷ 油锅中放入豆腐快炒2分钟。

❸ 加红油、盐、鸡精、酱油炒1分钟，淋水淀粉挂糊，放入蒜苗和红辣椒。

【操作要领】

茶树菇一定要用温水泡软，洗去泥沙。

鹌鹑蛋烧豆腐

主辅料 熟鹌鹑蛋、豆腐。

调 料 红辣椒末、盐、鸡粉、老抽、生抽、豆瓣酱、水淀粉、食用油、葱花各适量。

制作程序

❶ 豆腐切块；水烧开，加入盐、食用油、豆腐块，氽水后捞出。

❷ 用油起锅，放入去壳鹌鹑蛋、老抽、水、豆瓣酱、鸡粉、盐、红辣椒末。

❸ 放入生抽、豆腐，煮约1分钟，大火收汁，倒入水淀粉勾芡。

❹ 撒入葱花快速拌炒匀,盛出装盘即成。

成菜特点

鹌鹑蛋和豆腐，味道鲜美，营养丰富。

平菇烧豆腐

制作程序

❶ 把豆腐成小方块；平菇切成小块。

❷ 锅中倒入清水烧开，加入少许盐，放入豆腐块，拌匀，煮约1分钟，去除酸味，捞出煮好的豆腐，沥干水分，盛放在盘中，待用。

❸ 用油起锅，倒入葱段、姜片、蒜末爆香，放入平菇炒匀，淋上料酒提味，注入适量的清水，加盐、鸡粉、老抽、豆瓣酱，翻炒片刻。

❹ 再下入焯煮好的豆腐块，用中火煮约半分钟至入味，转用大火收浓汁水，倒入水淀粉，翻炒均匀，盛出，摆好盘即成。

主辅料 平菇、豆腐。

调 料 豆瓣酱、盐、葱段、姜片、蒜末、鸡粉、老抽、料酒、水淀粉、食用油各适量。

干烧茶树菇

成菜特点

茶树菇是一种高蛋白、低脂肪、无污染、无药害，集营养、保健、理疗于一身的纯天然食用菌。

主辅料 干茶树菇、腊肉。

调　料 干红辣椒、青椒丝、洋葱丝、葱段、精盐、味精、鸡精、蚝油、鲜汤、精炼油各适量。

制作程序

❶ 干茶树菇用温水泡涨，腊肉切成丝。

❷ 锅中加入精炼油烧热，下入腊肉炒香，加干红辣椒、青椒丝、洋葱丝、葱段同炒一下，再加进茶树菇、蚝油、精盐及少许鲜汤烧熟，调入味精、鸡精，起锅装盘即可。

【操作要领】

茶树菇一定要用温水泡软，洗去泥沙。

干绍烧银粉

主辅料 猪碎肉、水发粉丝、青红椒。

调 料 豆瓣酱、酱油、盐、味精、白糖、葱花、姜末、蒜末、鲜汤、色拉油各适量。

制作程序

❶ 青红椒切成丁。锅内烧油至五成热，下猪碎肉、精盐炒至酥香，放少许酱油起锅，装入碗内待用。

❷ 炒锅置旺火上，放入油烧至四成热，放入豆瓣酱、姜末、蒜末炒香，掺入鲜汤，调入盐、酱油、白糖，放入水发粉丝、肉末同烧。待汁干亮油时，下味精，撒入葱花起锅装入盘内即成。

成菜特点

粉丝吸收了汤汁中的鲜美味道，鲜香可口。

川味烧萝卜

制作程序

❶ 将洗净去皮的白萝卜切段，再切片，改切成条形；洗好的红椒斜切成圈，备用。

❷ 用油起锅，倒入花椒、干辣椒、爆香，放入白萝卜条，炒匀，加入豆瓣酱、生抽、盐、鸡粉，炒至熟软。

❸ 注入适量清水，炒匀，盖上盖，烧开后用小火煮8分钟至食材入味，揭盖，放入红椒圈，炒至断生。

❹ 用水淀粉勾芡，撒上葱段，炒香，关火后盛出菜肴，撒上白芝麻即可。

主辅料 白萝卜。

调 料 红椒、白芝麻、干辣椒、花椒、葱段、盐、鸡粉、豆瓣酱、生抽、水淀粉、食用油各适量。

栗子烧白菜

成菜特点

栗子烧白菜色泽金黄，滋味甜咸，白菜软而酥烂，栗子甜面。

主辅料 栗子、大白菜。

调料 胡萝卜、香芹、生姜、盐、味精、白糖、熟鸡油各适量。

制作程序

❶ 栗子洗净，大白菜洗净切块，胡萝卜去皮切片，香芹洗净切段，生姜去皮切丝。

❷ 烧锅下油，放入姜丝，注入清汤，加入栗子、胡萝卜片，用中火煮出味。然后下入大白菜、香芹，调入盐、味精、白糖煮至入味，淋入熟鸡油即成。

【操作要领】

大白菜煮时不宜下得太早，色彩要鲜艳。

芋儿烧白菜

主辅料 小芋头、大白菜。

调料 三花奶、姜、盐、上汤、味精、枸杞各适量。

制作程序

❶ 大白菜、小芋头洗净，姜洗净切片。

❷ 油下锅，爆香姜片，加入上汤和芋头烧至快熟时加入大白菜。

❸ 下三花奶、盐、味精，撒上枸杞即可。

成菜特点

汤白，芋头糯烂，白菜爽口清香。

草菇烧芦笋

主辅料 芦笋、草菇。

调料 菜油、胡椒粉、精盐、味精、料酒、湿淀粉各适量。

制作程序

❶ 将草菇洗净；芦笋也洗净、切好。

❷ 将锅置中火上，下菜油烧至七成热，放入草菇煸炒几下，加料酒，炒至变色；加入胡椒粉、少量鲜汤烧一下；再加入芦笋同烧。

❸ 用味精、精盐、湿淀粉兑成汁，烹入锅内，炒匀起锅入盘。

成菜特点

质地细嫩，咸鲜适口。

番茄烧松茸

成菜特点

松茸鲜香味醇，香气浓郁，口感好。

主辅料 松茸、小番茄、大番茄、黄瓜片。

调 料 番茄酱、精盐、胡椒粉、料酒、味精、白糖、精炼油、水豆粉、鲜汤各适量。

制作程序

❶ 松茸和小番茄分别对剖切开，大番茄去皮切15厘米见方的丁。

❷ 炒锅内放清水烧沸，加入精盐、料酒、黄瓜片和松茸分别氽水，黄瓜片和小番茄摆盘。

❸ 炒锅放少许精炼油，下番茄丁和番茄酱炒出香味，掺鲜汤，放入松茸、精盐、胡椒粉、味精、白糖烧入味，用水豆粉勾芡，起锅装盘即成。

【操作要领】

炒番茄酱的精炼油应出现红色，成菜色泽才红亮。

海米烧玉笋

❶ 笋子、火腿、丝瓜、生姜切片，海米用水泡透。

❷ 锅内加水，待水开时，投入笋片，加少许盐，用中火煮去其中清味，倒出用凉水冲透待用。

❸ 另烧锅下精炼油，放入姜片、海米爆香锅，下丝瓜片、火腿片炒片刻，放入笋片，调入盐、味精、鸡精粉，用大火炒透入味，用湿生粉勾芡，淋入熟鸡油即成。可以用西红柿围边做点缀。

主辅料 笋子、海米。

调料 西红柿、鸡精粉、生姜、丝瓜、海米、火腿、熟鸡油、精炼油、盐、味精、湿生粉各适量。

烧椒茄子

主辅料 茄子、青椒、红椒、豆苗。

调 料 盐、蒜末、酱油、辣椒酱各适量。

制作程序

❶ 茄子洗净，打花刀切条；青椒、红椒切丁；豆苗摆到盘子周围。

❷ 油锅下茄子炒熟，加盐、酱油、辣椒酱炒匀。

❸ 茄子出锅倒入豆苗中，将青椒、红椒和蒜末拌匀，倒在茄子上。

成菜特点
茄子不油不腻，爽口而细腻。

鱼香茄子烧四季豆

成菜特点
把茄子和豆角搭配在一起，简单却不简约，刺激你的味蕾。

主辅料 茄子、四季豆。

调 料 肉末、青椒、红椒、姜末、蒜末、葱花、鸡粉、生抽、料酒、陈醋、水淀粉、豆瓣酱、食用油各适量。

制作程序

❶ 将洗净的青椒、红椒均去籽，切条形；洗净的茄子切条形；洗好的四季豆切成长段。

❷ 热锅注油，烧至六成热，倒入四季豆，拌匀，炸1分钟，捞出四季豆，沥干油；倒入茄子，拌匀，炸至变软，捞出茄子，沥干油，待用。

❸ 另起锅，注入适量清水烧开，倒入茄子，拌匀，捞出茄子，沥干水分，待用。

❹ 用油起锅，倒入肉末，炒匀，放入姜末、蒜末，炒香；加入豆瓣酱，倒入青椒、红椒，炒匀。注入适量清水，加入少许鸡粉、生抽、料酒，炒匀；倒入茄子、四季豆，翻炒均匀，盖上盖，用中小火焖5分钟至熟。

❺ 揭盖，用大火收汁，加入陈醋、水淀粉，炒至入味；关火后盛出菜肴，撒上葱花即可。

酸辣魔芋烧笋条

主辅料 魔芋豆腐、竹笋。

调 料 彩椒、葱花、蒜末、剁椒、盐、鸡粉、生抽、料酒、陈醋、水淀粉、辣椒油、食用油各适量。

制作程序

❶ 魔芋豆腐切粗条，焯水；竹笋切条，焯水；彩椒切碎。

❷ 起油锅，爆香蒜末，加入剁椒，注水略煮。

❸ 倒入魔芋、竹笋炒匀，加料酒、盐、鸡粉、生抽，焖约20分钟。

❹ 倒入彩椒末，加陈醋、水淀粉、辣椒油炒匀。

❺ 盛出炒好的食材，撒上葱花即可。

泡椒烧魔芋

主辅料 魔芋黑糕块、泡朝天椒。

调 料 郫县豆瓣酱、泡姜、葱段、花椒、蒜片、香菜、盐、鸡粉、白糖、料酒、生抽、水淀粉、食用油各适量。

制作程序

❶ 泡姜切块；泡朝天椒去柄，切段。

❷ 锅中注入适量清水烧开，倒入魔芋黑糕块，焯煮片刻，盛出焯煮好的魔芋糕块。

❸ 用油起锅，放入花椒、泡姜，爆香，加入泡朝天椒、蒜片，炒匀。

❹ 倒入豆瓣酱、魔芋黑糕块、料酒、生抽、清水，拌匀，焖至入味，加入盐、鸡粉、白糖、水淀粉、葱段，炒匀，盛出撒上香菜即可。

烧四宝

主辅料 胡萝卜、白萝卜、青笋头、山药蛋。

调 料 葱油、盐、味精、鲜汤、生粉各适量。

制作程序

❶ 将胡萝卜、白萝卜、青笋头、山药蛋四种原料洗净去皮，改刀成大小一致的小方块。

❷ 锅置火上，下葱油烧至三成热，掺入鲜汤，调入盐、味精，下以上四种原料烧熟入味，用生粉勾芡收汁，起锅装盘即成。

成菜特点

本菜选料精良，咸甜微辣，酒饭皆宜。

素烧六鲜

制作程序

❶ 将黑木耳去蒂洗净，沥干水，切块，放入碗内，加面粉、精盐、味精和水适量，调成厚糊。

❷ 水发冬菇去蒂洗净，切成片；红椒洗净，去籽，切片；熟冬笋、素鸡切块；熟菜花用手撕成小块。

❸ 炒锅上旺火，加油烧至六成热，放入木耳，炸至浮出油面，捞出滤油。锅留底油烧热，下冬菇、素鸡、熟冬笋、熟菜花块、红椒煸炒，再放料酒、酱油、白糖、味精、鲜汤，烧入味，下入黑木耳炒匀，入味后用湿淀粉勾芡，淋上少许芝麻油，即可起锅装盘。

主辅料 黑木耳、水发冬菇、素鸡、熟冬笋、红椒、熟菜花。

调 料 植物油、面粉、鲜汤、料酒、湿淀粉、芝麻油、白糖、精盐、味精、酱油各适量。

Chapter 5
蒸菜之畜肉篇

咸烧白

制作程序

❶ 锅中放入清水、料酒、花椒、葱结、红辣椒烧开，将五花肉放入水中，煮15分钟，肉五成熟时捞起沥干水分。

❷ 在肉皮上抹上红酱油（深色酱油），起油锅，将肉的肉皮朝下放入锅中炸至肉皮呈棕红色时捞起，肉皮要煎得棕红微微起泡，肉切成厚片。

❸ 将剩余的红酱油、料酒、盐、白糖和油混合成料汁，将肉片在料汁中浸一下，肉皮朝下整齐地码在一个大碗内。

❹ 将芽菜铺在肉片上压实。将铺好的肉片放入蒸锅内蒸约60分钟，吃的时候用一个大盘扣在蒸肉的碗上即可。

主辅料 五花肉、碎米芽菜。

调料 盐、红酱油、葱、花椒、红辣椒、料酒、白糖、精炼油各适量。

巴山豆豉蒸肉

制作程序

❶ 将肉洗净，切成3厘米见方的块，放容器内加豆豉、辣椒酱、味精、生抽、黄酒和糖，拌匀腌渍30分钟待用；土豆去皮洗净，切成小块，拌入生抽、辣椒酱待用。

❷ 碗里放入土豆块垫底，上面放肉块，上火蒸约30分钟，熟后取出，倒扣盘中。

❸ 锅中放油适量，放入豆豉炒香，勾薄芡浇于菜上即成。

主辅料 猪五花、土豆、豆豉。

调料 辣椒酱、味精、黄酒、糖、生抽、精制油各适量。

丝瓜蒸肉

成菜特点
瓜肉质嫩厚，口感脆嫩，肉片鲜美。

主辅料 猪瘦肉、丝瓜、咸鸡蛋黄。

调料 精盐、鸡粉、淀粉、胡椒粉、生抽、香油、蒜末、花生油各适量。

制作程序

❶ 将瘦肉洗净切成片；丝瓜削去表皮，去籽切成条；鸡蛋黄切成粒。

❷ 将肉片内调入精盐、鸡粉、胡椒粉、淀粉、花生油拌匀，腌几分钟入味。

❸ 将丝瓜整齐排入蒸盘中，把腌好的肉片铺于丝瓜上，撒上蛋黄粒和蒜末，然后入蒸笼上火蒸熟，取出后淋上香油和少许烧热的生抽即成。

【操作要领】
儿童脾胃虚弱、拉肚子不宜多食丝瓜。

凉瓜蒸肉丸

制作程序

❶ 先将肥四瘦六的猪前夹肉剁茸，加入盐、姜汁、鸡蛋，搅打成肉胶，挤成肉丸。

❷ 凉瓜洗净、切段，挖去瓜瓤成中空圆柱，抹上化猪油，摆放盘中。

❸ 将肉丸放在凉瓜上，用枸杞点缀。

❹ 将凉瓜、肉丸入笼，蒸8分钟左右取出。

❺ 炒锅内加高汤，放入盐、鸡粉、胡椒粉、鸡油调味，用生粉调成水淀粉挂汁即成。

主辅料　猪肉、凉瓜、枸杞。

调料　食盐、鸡粉、生粉、胡椒粉、化猪油、高汤、鸡油、姜汁、鸡蛋各适量。

鹌鹑蒸肉饼

制作程序

❶ 鹌鹑去尽内脏，瘦肉砍成泥，红萝卜去皮切成粒，生姜去皮切成丝，香菜洗净。

❷ 鹌鹑加入绍酒、少许盐、味精、姜丝腌好。瘦肉泥、红萝卜加入少许盐、味精、白糖、生粉拌成馅，做成小肉饼。

❸ 分别把腌好的鹌鹑、肉饼摆入碟内，入蒸笼蒸15分钟，拿出撒上胡椒粉，浇上热油，淋入生抽王，摆入香菜即可食用。

主辅料　鹌鹑、瘦肉、红萝卜。

调料　生姜、香菜、花生油、盐、味精、白糖、绍酒、胡椒粉、生粉、麻油、生抽王各适量。

黄花蒸肉饼

主辅料 干黄花菜（泡透）、瘦肉。

调 料 盐、味精、白糖、湿生粉、麻油、生姜、香菜、枸杞各适量。

制作程序

❶ 黄花菜切成粒；瘦肉去筋砍成泥；枸杞泡透；生姜切成末；香菜切成粒。

❷ 碗中加入瘦肉泥、枸杞、生姜末，调入盐、味精、白糖、湿生粉制成馅，做成肉饼，摆入碟内，撒上黄花菜、枸杞。

❸ 上蒸笼用大火蒸9分钟取出，撒入香菜粒，淋入麻油即可。

成菜特点
爽口弹牙的肉饼，吃完还口齿留香。

蒜泥蒸肉卷

主辅料 五花肉、蒜。

调 料 盐、酱油、醋、红油各适量。

制作程序

❶ 五花肉洗净，切片，加盐腌渍片刻后，卷成肉卷；蒜去皮洗净，切末。

❷ 将红油倒入盘内，再将卷好的肉卷摆好盘。

❸ 起油锅，入蒜末炒香，加少许盐、酱油、醋炒匀后，均匀地盛在肉卷上，一起入蒸锅蒸熟即可。

成菜特点
成菜口感非常鲜美，不油腻，营养美味又健康。

玉米粒蒸排骨

成菜特点

成菜清甜美味，不油腻。

主辅料 排骨段、玉米粒、蒸肉米粉。

调 料 盐、蚝油、老抽、生抽、料酒、姜各适量。

制作程序

❶ 取一大碗，倒入排骨段，加入生抽、老抽，淋上料酒，撒上盐，放入蚝油、姜末，拌匀。

❷ 倒入蒸肉米粉搅拌一会，再转到蒸盘中摆放好，均匀地撒上洗净的玉米粒，腌渍一会，待用。

❸ 备好电蒸锅，烧开水后放入蒸盘，盖上盖蒸约30分钟至食材熟透。

❹ 断电后揭盖，取出蒸盘，稍微冷却后即可食用。

【操作要领】

因为排骨本身就含有油脂，所以不建议再额外放油，避免油腻。

粉蒸排骨

主辅料 排骨、蒸肉粉。

调料 姜片、蒜末、葱花、鸡粉、食用油各适量。

制作程序

❶ 将洗净的排骨斩块，装入碗中，放入少许姜片、蒜末。加入蒸肉粉，放入鸡粉，拌匀，倒入少许食用油，抓匀。

❷ 将排骨装入盘中备用；把装有排骨的盘放入蒸锅；盖上盖，小火蒸约20分钟，揭盖，把蒸好的排骨取出。

❸ 撒上葱花，浇上少许熟油即成。

成菜特点

益气补血，适合儿童食用。

滑菇蒸玉排

制作程序

❶ 纤排改成小节，调入油酥豆瓣、腐乳汁、醪糟汁、姜末、花椒粉、味精、糖色、蒸肉米粉和匀入笼蒸制。

❷ 滑菇、青豆入水余好备用。

❸ 将蒸好的纤排入盘。

❹ 锅内入油，加豆瓣炒香出色，加汤，去渣，加入滑菇、青豆，调入味精、香油，勾芡淋入纤排上即可。可用小青菜垫底排盘。

主辅料 猪纤排、滑菇、青豆、蒸肉米粉、小青菜。

调料 老油、油酥豆瓣、腐乳汁、醪糟汁、姜、葱、花椒粉、味精、糖色、香油各适量。

成菜特点

营养丰富，味美清香。

肉丸蒸娃娃菜

成菜特点

娃娃菜味道甘甜，口感细嫩，富含维生素和硒。

主辅料 猪碎肉、娃娃菜、水发粉丝、红椒。

调 料 a料：姜葱汁、盐、料酒、胡椒粉、水淀粉、蛋液；美极鲜酱油、海鲜豉油、盐、鸡精、葱花、鲜汤、色拉油各适量。

制作程序

❶ 猪碎肉入盆，加a料拌匀成肉馅；娃娃菜洗净切成份；红椒切颗粒。

❷ 娃娃菜入加有盐、色拉油的沸水锅焯水至断生捞起，摆入盘中，中间放上水发粉丝，每一个娃娃菜上挤一个肉丸，撒上红椒粒。

❸ 美极鲜酱油、海鲜豉油、盐、鸡精、鲜汤入碗调匀成味汁，淋在原料上，入笼旺火蒸熟。取出撒上葱花，用热油烫香即可。

酱蒸猪肘

成菜特点

软糯可口，尤其是皮肥而不腻，入口即化。

主辅料 猪肘、上海青。

调 料 盐、花椒粉、酱油、淀粉、葱花、姜末、蜂蜜各适量。

制作程序

❶ 猪肘洗净余水，涂蜂蜜后油炸。

❷ 肘子打花刀，放葱花、姜末、花椒粉、酱油入锅蒸熟。

❸ 锅注水和淀粉、盐烧开浇在肘子上；上海青焯水摆肘子旁即可。

【操作要领】

洗净肘子，用小刀把肘子上的细毛脏泥刮净。

盐菜蒸猪手

主辅料 猪手、盐菜。

调 料 姜片、葱节、精盐、味精、胡椒粉、料酒、干辣椒、花椒各适量。

制作程序

❶ 将猪手洗净，用精盐、料酒码渍入味；盐菜洗净，加入姜片、葱节、味精、胡椒粉、干辣椒、花椒拌匀待用。

❷ 将猪手和盐菜装入蒸碗内，蒸约 3 小时装盘即成。

成菜特点
酸猪手酥烂，盐菜清香，油而不腻。

粉蒸肥肠

制作程序

❶ 肥肠清洗干净，切成段，加入料酒、生抽、蒜瓣、葱段、姜片、盐、八角拌匀，腌制 2 个小时。

❷ 腌制好的肥肠中加入蒸肉粉、红辣椒末、花椒粉、白糖、食油拌匀。

❸ 在蒸笼里铺上一层粽叶，然后将拌好的肥肠平铺在粽叶上，大锅内加适量清水，将盖好盖的蒸笼放入锅内，水开后改小火蒸约 1.5 小时即可。将蒸好的肥肠装入盘内即可。

主辅料 肥肠、蒸肉米粉。

调 料 料酒、生抽、葱段、姜片、蒜瓣、八角、白糖、红辣椒末、花椒粉。

干豇豆蒸酱肉

成菜特点
味道鲜美，口感清脆，富含多种营养成分。

主辅料 酱肉、干豇豆。

调 料 姜片、葱节、盐、味精、
料酒、色拉油各适量。

制作程序

❶ 酱肉入锅煮熟，取出晾凉切成片；干豇豆用温
热水浸泡涨发透，切成段。

❷ 酱肉片皮面向下摆于蒸碗内。干豇豆挤干水，
加盐、味精、料酒、色拉油拌匀放入蒸碗内垫
底，然后摆上姜片、葱节上笼蒸熟。取蒸好的
酱肉翻扣于盘内即成。

【操作要领】

酱肉有咸味，所以干豇豆单独拌味即可。

水豆豉蒸酱肉

主辅料 酱猪肉、水豆豉。

调 料 精炼油适量。

制作程序

❶ 酱猪肉洗净煮熟，切成片。

❷ 水豆豉用精炼油炒香，盛入盘中，再将酱猪肉片整齐地摆在上面，入笼用大火蒸5分钟即可。

成菜特点

本菜具有色泽美观、风味浓郁的特点。

腩肉蒸白菜

主辅料 腩肉、白菜。

调 料 盐、胡椒粉、料酒、白醋、香油、香菜、葱花各适量。

制作程序

❶ 腩肉洗净，加盐、料酒腌渍，余水后捞出，切片；白菜洗净切长条，摆入盘中，放上腩肉。

❷ 将盐、白醋、胡椒粉、香油调成味汁，淋在腩肉、白菜上。

❸ 将备好的主辅料入锅蒸熟，撒上香菜、葱花即可。

成菜特点

成菜味道鲜美，不油腻。

腊味合蒸

成菜特点
腊香浓重，咸甜适口，色泽红亮，柔韧不腻，稍带厚汁，且味道互补，各尽其妙。

主辅料 腊鸡肉、腊肉、腊鱼。

调 料 鸡汤、味精、白糖、料酒、生姜片、葱白各适量。

制作程序

❶ 锅中加适量清水烧开，放入腊肉、腊鱼、腊鸡；加盖焖煮 15 分钟，去除杂质和油异味，取出腊味，待冷却。

❷ 将腊肉切片，腊鱼切片，腊鸡切块，装入碗内；腊味加入味精、白糖、料酒、鸡汤，撒上姜片和葱白。

❸ 腊味转到蒸锅，加盖中火蒸 1 小时至熟软；取出腊味，倒扣入盘内即成。

粉蒸牛肉

制作程序

❶ 牛肉切成6厘米长、3厘米宽的薄片，装入盆中，加入豆瓣、盐、味精、酱油、姜末、醪糟汁、豆腐乳、花椒、色拉油拌匀腌制1小时。香菜洗净，切成1厘米长的节。

❷ 将腌制好的牛肉掺入米粉拌匀，装入小笼中，放入锅中蒸2小时，至牛肉熟软。

❸ 蒸好的牛肉翻扣于盘内，撒上蒜泥、香菜节即可。

| 主辅料 | 黄牛肉、蒸肉米粉。 |
| 调 料 | 郫县豆瓣、豆腐乳、醪糟汁、刀口花椒、姜末、蒜泥、酱油、盐、味精、胡椒粉、鲜汤、色拉油、香菜各适量。 |

丸子蒸腊牛肉

| 主辅料 | 腊牛肉、丸子。 |
| 调 料 | 红椒、葱花、香油、香菜各适量。 |

制作程序

❶ 腊牛肉洗净，切片；丸子洗净；香菜洗净，切段；红椒洗净，切丁。

❷ 将切好的腊牛肉片与丸子一起装入碗中，入蒸锅中蒸30分钟至熟，取出。

❸ 撒上香菜、红椒、葱花、香油即可食用。

成菜特点
其色彩红亮，肥而不腻，鲜美无比。

五香粉蒸牛肉

成菜特点

原汁原味，鲜嫩润滑，美味瘦身，做法简单，用粉蒸的方式，牛肉更鲜嫩。

【操作要领】

也可以换成猪肉。

| 主辅料 | 牛肉、蒸肉米粉。 |

| 调 料 | 豆瓣酱、盐、料酒、生抽、食用油、蒜末、姜末、葱花各适量。 |

制作程序

❶ 将洗净的牛肉切片；把牛肉片放入碗中，放入料酒、生抽、盐，撒上蒜末、姜末。

❷ 倒入豆瓣酱，拌匀，加入蒸肉米粉，拌匀；注入食用油，拌匀，腌渍一会，再转到蒸盘中，摆好造型。

❸ 备好电蒸锅，烧开水后放入蒸盘，盖上盖，蒸约15分钟，至食材熟透；断电后揭盖，取出蒸盘，趁热撒上葱花即可。

芥蓝金针菇蒸肥牛

成菜特点

汤汁亮而且浓郁，芥蓝爽口、肥牛带劲儿。

主辅料 芥蓝、金针菇、肥牛卷。

调 料 生抽、料酒、剁椒、蒜蓉、盐、水淀粉、食用油各适量。

【操作要领】

调味汁中可加入少许水淀粉，使汁液浓稠。

制作程序

❶ 洗好的芥蓝切去叶子，斜刀切成小段。

❷ 取一盘，将已经洗净的金针菇铺底，放上切好的芥蓝；接着在芥蓝上铺上肥牛卷，均匀地撒上适量的盐，再淋上生抽、料酒，放上蒜蓉；倒入剁椒，淋上适量食用油；电蒸锅注水烧开，放上装有食材的盘子；加盖，蒸10分钟至食材完全熟透；揭盖，取出蒸好的食材；将蒸盘中多余的汁液倒进碗中。

❸ 另起锅开中火，倒入碗中多余的汁液，加入水淀粉勾芡；加入适量食用油，拌匀，制成调味汁。关火后盛出调味汁，浇在菜肴上即可。

鲜椒蒸羊排

成菜特点
羊排不仅口感鲜美，而且也更具营养价值。

主辅料 羊排段、青椒、红椒、剁椒。

调料 姜蓉、葱花、胡椒粉、盐、料酒各适量。

【操作要领】

挑选羊排时，最好购买羊膻味较浓、肉质鲜红、肉壁较厚的羊排。羊排余水时可加入少许料酒，能减轻膻味、改善口感。

制作程序

❶ 将洗净的红椒切丁，洗好的青椒切丁。

❷ 锅中注入适量清水烧开，倒入洗净的排骨段，搅匀，余煮一会儿，去除血渍，再捞出余好的食材，沥干水分。

❸ 清洗干净后装入碗中，加入料酒、姜蓉、盐、胡椒粉、剁椒，拌匀。

❹ 倒入青椒丁、红椒丁，搅拌均匀，腌渍片刻；再转入蒸盘中，摆好造型。

❺ 备好电蒸锅，烧开水后放入蒸盘；盖上盖，蒸约30分钟，至食材熟透；断电后揭开盖，取出蒸盘，趁热撒上葱花即可。

青元粉蒸羊排

制作程序

❶ 锅置火上，放水烧沸，放入洗净的青豆，氽水后取出；将郫县豆瓣用小火炒香。

❷ 羊肋排洗净，斩成6厘米长、2厘米宽的条，加入食盐、炒香的郫县豆瓣、姜末、蒜末、老抽、白糖、鸡粉、料酒、辣椒油、醪糟汁、蒸肉粉一起拌匀，装入蒸碗中。

❸ 羊排上覆盖氽水后的青豆，上蒸箱蒸约40分钟，羊排耙软离骨时取出，扣入盘中，撒上香菜即成。

主辅料 羊肋排、青豆、蒸肉粉。

调 料 食盐、郫县豆瓣、姜末、蒜末、老抽、白糖、鸡粉、料酒、辣椒油、醪糟汁、香菜各适量。

风味三蒸

制作程序

❶ 南瓜去皮切成块；芽菜洗净切段。

❷ 五花肉一半切成厚片，入碗加a料和米粉拌匀，装入碗中，底部放上切块的南瓜；另一半五花肉入锅煮断生，捞起抹酱油，入油锅炸至色泽棕红，捞起切成片，摆入碗中，然后放入芽菜压平，将糖色、酱油、盐、豆豉、胡椒粉、料酒、鲜汤兑好的味汁淋于其上，放上泡辣椒、姜、葱。

❸ 余下的南瓜入碗，同两碗五花肉上笼蒸熟。取出装入盘中，分别撒上香菜、葱花即可。

主辅料 五花肉、南瓜、芽菜、米粉。

调 料 a料：豆瓣、盐、花椒、五香粉、酱油、姜末、葱、醪糟汁、甜面酱、生菜油；泡辣椒、糖色、酱油、盐、豆豉、胡椒粉、料酒、鲜汤。

Chapter 6
蒸菜之禽肉篇

三菌蒸乌鸡

主辅料 乌鸡、三菌（鸡枞菌、牛肝菌、羊肚菌）。

调　料 胡椒粉、味精、精盐、白汁、泡椒各适量。

制作程序

❶ 乌鸡宰杀后洗净，煮断生后晾凉；三菌均切成片，煮断生备用。

❷ 将乌鸡肉切成条，置于碗中，三菌放于其上，用胡椒粉、味精、精盐吃好味，上笼蒸熟，取出翻扣于盘内，再点缀些已熟的三菌，挂上白汁，放上泡椒即可。

成菜特点

菌与乌鸡同烹，成菜形态饱满，味道咸鲜醇厚，营养丰富，为食补佳品。

金瓜蒸滑鸡

主辅料 鸡肉、小金瓜。

调　料 青红海椒、香菇、红枣、姜丝、盐、白糖、生抽、香油、淀粉、葱花各适量。

制作程序

❶ 将鸡肉洗净后斩成块，放入姜丝、盐、白糖、生抽、香油、淀粉码味上浆；香菇泡发洗净，切成片；红枣也稍微泡，去核切细；小金瓜去瓤，切成瓣，放入盘中衬底。

❷ 将香菇、红枣、鸡肉块拌匀，放在金瓜上，淋上少许花生油，上蒸锅蒸20分钟左右，撒上葱花即可。

成菜特点

成菜颜色亮丽，做法简单，营养丰富。

剁椒蒸鸡腿

成菜特点

蒸制过程中，剁椒的鲜辣渗透到软嫩的鸡肉中，菜品味道层次更加丰富。

主辅料 鸡腿、剁椒酱、红蜜豆。

调 料 姜片、蒜末、海鲜酱、鸡粉、料酒各适量。

制作程序

❶ 取一小碗，倒入备好的剁椒酱，加入少许海鲜酱，撒上姜片、蒜末，淋入适量料酒，放入少许鸡粉，搅拌均匀，制成辣酱，待用。

❷ 取一个干净的蒸盘，放入洗净的鸡腿，摆好，撒上适量的红蜜豆，再盛入调好的辣酱，铺匀。

❸ 蒸锅上火烧开，放入蒸盘，盖上盖，用大火蒸约 10 分钟，至食材熟透。

❹ 关火后揭盖，待热气散开，取出蒸盘，稍微冷却后食用即可。

【操作要领】

先在鸡腿上划上几刀，放入调味料，并用手按摩帮助其入味，为了更好地入味，可以放入冰箱中冷藏2个小时以上。

芋儿蒸鸡翅

主辅料 鸡翅、芋儿。

调料 精盐、味精、鸡精、胡椒粉、枸杞、高汤、葱段各适量。

制作程序

❶ 将芋儿去皮下锅煸炒待用，鸡翅洗净余去血水。

❷ 将鸡翅、芋儿一起放入蒸碗，用精盐、味精、鸡精、胡椒粉、葱段调味，加高汤，入笼蒸熟。出笼后，面上撒枸杞即可。

成菜特点
芋头软绵，吸收了鸡翅的酱汁，变得特别的美味。

芙蓉蒸蛋

主辅料 鸡蛋、火腿。

调料 盐、蚝油、葱花各适量。

制作程序

❶ 鸡蛋打入碗中，加盐搅拌均匀，再加入温水调匀；火腿洗净，沥干水分，切成细末。

❷ 在鸡蛋液中淋入油，再加入蚝油调味，撒上葱花、火腿。

❸ 将鸡蛋放入蒸锅中，隔水蒸15分钟，取出即可。

成菜特点
嫩滑的蒸蛋羹与香浓的火腿丝丝入扣，入口即化的蛋羹，丝滑的享受瞬间。

虾仁蒸蛋

成菜特点
成菜鲜美嫩滑入口即化。

主辅料 鲜虾仁、鸡蛋、鲜香菇。

调 料 葱花、鸡精、精盐、淀粉、香油各适量。

制作程序

❶ 将虾仁洗净，沥干水分，加入精盐、鸡精、淀粉拌匀腌入味；香菇择洗干净后切成小薄片。

❷ 鸡蛋打入碗内搅匀，加入虾仁、香菇片，再加少许精盐和适量水调匀，上笼蒸 10 分钟至熟，淋入香油，撒上葱花即可。

【操作要领】
婴幼儿和学龄前儿童吃鸡蛋以煮、蒸烹调为准。

水蛋蒸块菌

成菜特点

块菌具有增强免疫力、抗衰老、益胃、清神、止血、疗痔等药用价值。

【操作要领】

用小火蒸蛋。

主辅料　中国块菌、鸡蛋。

调　料　精盐、料酒、味精、胡椒粉、化鸡油、葱花、鲜汤各适量。

制作程序

❶ 中国块菌洗净去皮后剁细。

❷ 鸡蛋磕入碗中加鲜汤、精盐、料酒、胡椒粉、味精、化鸡油、块菌拌匀，上笼蒸熟取出，撒上葱花即可。

蟹肉蒸蛋

主辅料 鸡蛋、鸡蓉、蟹脚肉。

调 料 精盐、高汤各适量。

制作程序

❶ 将鸡蓉、蟹脚肉一起放入碗中备用。

❷ 将蛋打散后过细筛滤除杂质，加入高汤、精盐拌匀，倒入装有鸡蓉、蟹脚肉的碗中，至八分满。

❸ 蒸锅中加水煮滚，将调好的蛋液放入蒸笼中，用大火蒸熟，注意火候，不要蒸得太老。

成菜特点

成菜鲜滑柔嫩。

冬菜蒸鸭

主辅料 仔麻鸭、冬菜。

调 料 精炼油、豆粉、红酱油、姜片、葱节、精盐、料酒、鸡精、味精、五香粉各适量。

制作程序

❶ 仔麻鸭宰杀洗净，用精盐、料酒、姜片、葱节、五香粉腌制40分钟，放入精炼油锅中炸至呈金黄色捞出，斩成块；冬菜洗净，切碎。

❷ 将鸭块摆入碗中呈三叠水状，调入精盐、味精、鸡精、红酱油、料酒、冬菜，上笼蒸1小时取出，翻扣于盘内。

❸ 蒸汁烧沸，用豆粉勾芡，浇于鸭肉上即可。

成菜特点

鸭肉酥烂，有冬菜香味。

干蒸鸭

成菜特点

成菜酥烂鲜嫩，清香适口。

主辅料　鸭子。

调　料　葱、姜、八角、干辣椒、盐、料酒、醋、
辣椒粉各适量。

制作程序

❶ 鸭子洗净切块；葱洗净切段；姜洗净切片。

❷ 油锅烧热，下姜片、八角、鸭块、干辣椒炒香，
放盐、料酒，煸炒。

❸ 加醋、辣椒粉炒匀，盛入盆中，撒上葱段，蒸
30 分钟，至肉质酥软时取出。

荔荷蒸鸭块

成菜特点
鸭肉鲜嫩，荷叶味道香浓。

主辅料 光鸭、干荔枝、荷叶。

调料 生姜、葱、枸杞、花生油、盐、味精、蚝油、湿生粉、麻油、绍酒、胡椒粉各适量。

制作程序

❶ 光鸭洗净砍成小块，干荔枝去壳，荷叶洗净铺入碟内，生姜去皮切丝，葱切丝，枸杞泡透。

❷ 在碗内加入鸭块、姜丝、荔枝肉，调入盐、味精、蚝油、绍酒、麻油、湿生粉拌匀，摆在荷叶上，撒上枸杞。

❸ 蒸笼烧开水，摆入鸭块，加好盖，用大火蒸约10分钟拿出，撒入胡椒粉、葱丝，淋上热油即可食用。

【操作要领】

鸭块的大小要一致，以便熟度相同。

冬菇蒸鹌鹑

成菜特点

此菜肉质软烂，味道鲜美。

主辅料 鹌鹑、冬菇。

调 料 红枣、枸杞、生姜、葱、花生油、盐、味精、蚝油、绍酒、胡椒粉、麻油、干生粉各适量。

制作程序

❶ 鹌鹑洗净砍成块，冬菇切片，红枣泡透，枸杞洗净，生姜去皮切小片，葱切小段。

❷ 在鹌鹑块中调入花生油、盐、味精、蚝油、绍酒、胡椒粉、麻油、姜片、葱段、干生粉拌匀，摆入碟内。

❸ 蒸笼烧开，放入鹌鹑碟，上面撒上冬菇、红枣、枸杞，用旺火蒸8分钟，拿出即可食用。

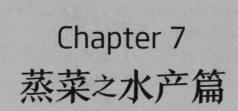

Chapter 7
蒸菜之水产篇

黄花菜蒸草鱼

成菜特点

黄花菜性味甘凉，有止血、清热、消炎、利湿、消食、明目、安神等作用。

 主辅料 草鱼肉、水发黄花菜。

调　料 红枣、枸杞、姜丝、葱丝、盐、鸡粉、蚝油、生粉、料酒、蒸鱼豉油、芝麻油、食用油各适量。

制作程序

❶ 洗净的红枣去核，切块；洗净的黄花菜去蒂；洗净的草鱼切块。

❷ 把鱼块装入碗中，撒上少许姜丝，放入少许洗净的枸杞。

❸ 倒入切好的红枣、黄花菜，加入料酒、鸡粉、盐、蚝油、蒸鱼豉油，搅拌匀。

❹ 倒入生粉拌匀上浆，滴上适量芝麻油，拌匀，腌至入味。

❺ 取一个干净的蒸盘，摆上拌好的主辅料，码放整齐，待用。

❻ 蒸锅上火烧开，放入蒸盘，盖上盖，用大火蒸约 10 分钟。

❼ 揭开盖，取出蒸好的菜肴，点缀上少许葱丝，浇上热油即成。

人参蒸鲫鱼

成菜特点

人参活性物质抑制黑色素的还原性能，使皮肤洁白光滑，能增强皮肤弹性，使细胞获得新生。

主辅料	活鲫鱼、鲜人参。
调料	生姜、葱、花生油、盐、味精、胡椒粉、绍酒各适量。

制作程序

❶ 活鲫鱼杀洗干净，生姜去皮切丝，葱洗净切丝。

❷ 鲫鱼摆入碟内，码上鲜人参，调入盐、味精、绍酒，入蒸笼用旺火蒸8分钟。拿出撒上胡椒粉、姜丝、葱丝，淋入热油即可食用。

【操作要领】

杀鱼时不能划破鱼胆，蒸鱼时中途不能停火，以免影响色泽。

萝卜芋头蒸鲫鱼

成菜特点

成菜味道浓郁，香辣鲜嫩。

主辅料 净鲫鱼、白萝卜、芋头。

调料 盐、白糖、生抽、料酒、食用油、豆豉、姜末、蒜末、葱段、干辣椒、葱丝、红椒丝、姜丝、花椒各适量。

制作程序

❶ 去皮洗净的白萝卜切细丝；去皮洗净的芋头切片；洗好的豆豉切碎。

❷ 鲫鱼切花刀，装盘，撒上盐，淋上料酒，再在刀口处塞入姜片，腌15分钟。

❸ 用油起锅，倒入豆豉，炒出香味，放入干辣椒，撒上姜末、蒜末，炒匀。

❹ 倒入葱段，加入生抽、盐、白糖，炒匀。

❺ 关火后盛出主辅料，装在味碟中，制成酱菜。

❻ 取一蒸盘，放入萝卜丝、芋头片，摆好造型，再放上鲫鱼、酱菜。

❼ 炒锅注水烧热，放上蒸笼，放入蒸盘，盖上盖，用大火蒸约10分钟，至食材熟透。

❽ 取出蒸盘，撒上葱丝、红椒丝和姜丝。

❾ 起油锅，下少许花椒炸出香味，盛出浇在菜肴上即可。

云耳蒸鳜鱼

成菜特点
鱼肉鲜嫩，云耳脆爽

主辅料 鳜鱼、云耳。

调料 枸杞、生姜、葱、花生油、盐、味精、胡椒粉、生抽王、绍酒各适量。

制作程序

❶ 鳜鱼切洗干净，从脊部两边各划一刀；云耳洗净；枸杞泡透；生姜去皮切丝；葱切丝。

❷ 鳜鱼摆入鱼碟内，撒上盐、味精、绍酒、云耳、枸杞，入蒸笼蒸8分钟至熟。

❸ 把姜丝、葱丝、胡椒粉撒入蒸好的鳜鱼上，另烧锅下油，待油热时淋在鳜鱼上，浇上生抽王即成。

【操作要领】

杀鱼时要小心，千万别把鱼胆划破，蒸时火候要保持一致，不能时大时小。

双椒蒸鲳鱼

主辅料 鲳鱼、青红小米辣。

调 料 鸡精、醪糟汁、蚝油、泡椒末、蒜末、精盐、老油各适量。

制作程序

❶ 鲳鱼宰杀洗净，对剖去内脏，用刀在鱼背上每隔2厘米剖一刀，放在盘中；青、红小米辣切成细末备用。

❷ 用青红椒末、泡椒末、鸡精、醪糟汁、蚝油、精盐、蒜末调成味汁淋在鲳鱼上，然后上笼蒸熟，淋上烫油即可。

成菜特点

鲳鱼肉厚、营养丰富，老少皆宜，味道鲜爽。

榨菜肉丝蒸鱼

主辅料 鲜鱼、猪五花肉、榨菜丝。

调 料 姜丝、酱油、蚝油、白糖、米酒、花椒油、植物油各适量。

制作程序

❶ 鲜鱼剖杀，去尽鱼鳃及内脏，洗净沥干水分，放入蒸盘内；猪五花肉洗净切丝。

❷ 将猪肉丝、榨菜丝、姜丝放在一起，加入酱油、蚝油、白糖、米酒、植物油拌匀，倒在鱼身上，上笼以大火蒸15分钟取出，淋上花椒油即可。

成菜特点

将榨菜与鱼一同清蒸成菜，既可盖住鱼的腥味和泥味，又使鱼肉更加鲜美、嫩滑。

旱蒸煳辣鱼

主辅料　鲩鱼。

调　料　花椒、干辣椒节、姜片、葱段、蒜、料酒、精盐、白糖、鲜汤、酱油、胡椒粉、味精、各适量。

制作程序

❶ 将鲩鱼杀好后洗净，用姜片、葱段、胡椒粉、精盐、料酒码味约20分钟，上笼蒸熟取出。淋上用酱油、味精、白糖、鲜汤对成的味汁。

❷ 锅中下油烧至七成热，下葱段、干辣椒节、花椒、蒜片炒出香味，倒于鱼身即可。

成菜特点
成菜咸鲜香辣，鱼肉特别细嫩，且煳辣香味浓郁。

水蛋蒸鱼片

主辅料　鲈鱼肉、鸡蛋。

调　料　盐、大葱丝、青红椒丝、蒸鱼豉油、味精、水豆粉。

制作程序

❶ 将鸡蛋打入碗内，加水搅匀后倒入鱼盘中，入笼蒸6分钟出笼。

❷ 另将鱼片加盐、水豆粉码味，放入沸水中氽断生捞起，放在蒸蛋上，将豉油淋在鱼片上，并放葱丝、青红椒丝。

❸ 锅中烧油，四成熟时淋在葱丝上即成。

成菜特点
此菜咸鲜清淡，色泽美观，质地细嫩。

满堂彩蒸鲈鱼

成菜特点

鲈鱼鱼肉质白嫩、清香，没有腥味。

| 主辅料 | 鲈鱼、胡萝卜、玉米粒、豌豆。 |

| 调 料 | 剁椒、姜末、蒸鱼豉油、料酒、盐、鸡粉、食用油各适量。 |

【操作要领】

因剁椒与生抽中均含有盐分，所以在腌制鲈鱼时要酌量放盐。

制作程序

❶ 胡萝卜切丁；鲈鱼肚皮部分再切开一点。

❷ 在鱼的身上均匀地抹上盐，装入盘中，再在鱼身上淋上料酒，摆上姜片。

❸ 热锅注油烧热，倒入姜末，爆香，倒入胡萝卜、玉米、豌豆，快速翻炒均匀。

❹ 再放入生抽、剁椒，翻炒至入味，放入备好的鸡粉，翻炒片刻。

❺ 将炒好的料浇在鲈鱼身上，电蒸锅注水烧，盖上锅盖，调转旋钮定时 10 分钟。待开上汽，放入鲈鱼。时间到，掀开锅盖，将鲈鱼取出即可。

火腿丝蒸鲈鱼

成菜特点

成菜肉嫩鲜美，药用价值亦颇佳。

主辅料 鲈鱼、火腿丝。

调 料 姜丝、葱丝、生抽、精盐、淀粉、植物油、干辣椒丝各适量。

制作程序

❶ 将鲈鱼去鳞、鳃及内脏，洗净后用刀起出鱼脊骨，用精盐、淀粉涂匀鱼身，把火腿丝放入鱼腹中，上火隔水蒸熟取出。

❷ 锅下油烧热，放姜丝、葱丝、干辣椒丝爆香，浇在鱼身上，再淋上生抽即成。

紫苏蒸鲫鱼

主辅料　鲫鱼、紫苏、红椒。

调　料　盐、葱、料酒、香油、豆豉各适量。

制作程序

❶ 鲫鱼洗净后在两侧划刀口，用料酒、盐腌渍；紫苏洗净切碎；红椒、葱洗净切圈；豆豉洗净。

❷ 鲫鱼放于盘中，将紫苏末、豆豉、红椒均匀撒在鱼肉上。

❸ 加盐、香油蒸熟，撒上葱花即可。

成菜特点

紫苏蒸鱼，去腥又提香，味道也不会寡淡。

家常豆豉蒸鱼头

主辅料　花鲢鱼头、豆豉、青红椒。

调　料　精炼油、泡姜粒、精盐、葱节、姜片各适量。

制作程序

❶ 花鲢鱼头去鳃，洗净，用刀剖开，用精盐码入味；青红椒洗净，切成粒。

❷ 花鲢鱼头入盘，放入葱节、姜片，上笼用大火蒸约 12 分钟取出。

❸ 炒锅中下精炼油烧热，放入泡姜粒、青红椒粒、豆豉炒香，浇在蒸好的鱼头上即可。

成菜特点

成菜口感丰富，味道香浓。

冬菜蒸银鳕鱼

主辅料 鳕鱼、冬菜。

调 料 姜、葱、料酒、盐、胡椒、料酒、味精、蒜茸、葱花、红椒粒、色拉油各适量。

制作程序

❶ 鳕鱼切厚片，入盆加盐、胡椒、料酒、姜、葱拌匀，腌渍 1 小时。

❷ 冬菜洗净，切碎，加盐、胡椒、蒜茸、味精拌匀。

❸ 鳕鱼放入盘内，盖上调好味的冬菜上笼蒸熟，取出撒上葱花、红椒粒，用热油烫香即可。

成菜特点

鳕鱼营养丰富，口感细腻，比一般的鱼多了很多营养元素。

雪菜蒸鳕鱼

主辅料 鳕鱼、雪菜。

调 料 红椒、盐、黄酒、雪汁、葱、姜、味精各适量。

制作程序

❶ 鳕鱼洗净，切成大块；雪菜洗净切末；红椒切圈。

❷ 将切好的鱼放入盘中，加入雪菜、盐、味精、黄酒、葱花、姜、雪汁、红椒圈，拌匀稍腌入味。

❸ 将备好的鳕鱼块放入蒸锅内，蒸 10 分钟至熟即可。

成菜特点

香气浓郁、滋味清脆鲜美的雪菜配上肉质爽滑细腻的鳕鱼，让人垂涎欲滴。

豆豉小米椒蒸鳕鱼

成菜特点

成菜鱼肉鲜嫩，汤汁咸香。

主辅料 鳕鱼肉、豆豉、小米椒。

调 料 姜末、蒜末、葱花、盐、料酒、蒸鱼豉油、食用油各适量。

制作程序

❶ 将洗净的鳕鱼肉装入蒸盘，用盐和料酒抹匀两面；撒上姜末，放入洗净的豆豉，倒入蒜末、小米椒；蒸锅水烧开后放入蒸盘。盖上盖，蒸约8分钟，至食材熟透；揭盖，取出蒸盘。

❷ 撒上葱花，浇上热油，淋入蒸鱼豉油即可。

【操作要领】

鳕鱼肉上要切上几处花刀，这样蒸的时候才更易入味。

双椒蒸带鱼

成菜特点

鱼肉吃起来鲜嫩、细腻，再加上剁椒的辣味，非常开胃。

主辅料 带鱼、泡椒、剁椒。

调 料 葱丝、姜丝、盐、料酒、食用油适量。

制作程序

❶ 将盐、料酒、姜丝放入带鱼内，拌匀腌渍 5 分钟；备好的泡椒切去蒂，切碎备用。

❷ 将泡椒、剁椒分别倒在带鱼两边；电蒸锅烧开上气，放入带鱼。

❸ 盖上锅盖，调转旋钮定时 10 分钟，掀开锅盖，将带鱼取出，放入葱丝。

❹ 热锅注油，大火烧至八成热，将热油浇在带鱼上，即可食用。

【操作要领】

买回来的剁椒酱比较粗，使用前最好把剁椒酱切得更细，这样吃起来的口感更好。

剁椒蒸带鱼

成菜特点
剁椒和鱼一起搭配清蒸，口感
尤其鲜美，风味特别。

主辅料　带鱼肉、剁椒。

调　料　姜片、蒜末、葱花、鸡粉、蚝油、蒸鱼
豉油、食用油各适量。

制作程序

❶ 将洗净的带鱼肉切成段，备
用；取一个小碗，倒入备好
的剁椒。

❷ 撒上姜片、蒜末，搅拌匀，加入少许鸡粉，放
入适量蚝油、食用油、蒸鱼豉油，快速搅拌均匀，
制成辣酱汁，待用。

❸ 另取一个蒸盘，放入鱼块，摆放整齐，再盛入
辣酱汁，铺匀。

❹ 蒸锅上火烧开，放入蒸盘，盖上盖，用大火蒸
约7分钟，至鱼肉熟透，关火后揭盖，待水蒸
汽散开，取出蒸盘，点缀上葱花即可。

剁椒蒸福寿鱼

❶ 福寿鱼放入清水中，加适量盐，清洗干净后捞出，然后在福寿鱼鱼身两面切上花刀，待用。

❷ 将备好的剁椒装入碗中，加入少许鸡粉，撒上生粉，再注入适量食用油，搅拌匀，制成味汁，待用。

❸ 取一个盘子，放入切好的福寿鱼，淋入少许料酒，再倒入备好的味汁，蒸锅上火烧开，放入装有福寿鱼的盘子。

❹ 盖上锅盖，用大火蒸8分钟，至食材熟透，揭开盖，取出蒸熟的食材，撒上适量葱花，最后浇上少许热油即成。

| 主辅料 | 净福寿鱼、剁椒。 |
| 调　料 | 鸡粉、生粉、料酒、食用油、葱花各适量。 |

黄椒蒸鲜鱿

| 主辅料 | 鲜鱿鱼、水发粉丝、黄椒酱。 |
| 调　料 | 红椒末、香菜、葱花、生粉各适量。 |

制作程序

❶ 鲜鱿鱼洗净，撕去皮，切成圈，码上生粉备用。

❷ 水发粉丝摆在盘中，上面摆放切好的鱿鱼圈，淋上黄椒酱、红椒末，上笼蒸熟，撒上香菜、葱花即可。

成菜特点
口感醇正，咸鲜微辣，质地细嫩，不失为一道风味独特的菜肴。

野山椒末蒸秋刀鱼

成菜特点
蒸出的秋刀鱼味道独特,非常鲜美。

主辅料 净秋刀鱼、泡小米椒。

调 料 鸡粉、生粉、食用油、红椒圈、蒜末、葱花各适量。

【操作要领】

秋刀鱼腥味重,要把肚里的黑膜去除干净再烹饪。

制作程序

❶ 在秋刀鱼的两面都切上花刀,待用。

❷ 泡小米椒切碎,再剁成末。将切好的泡小米椒放入碗中。加入蒜末,放入鸡粉、生粉,再注入适量食用油,拌匀,制成味汁,待用。

❸ 取一个蒸盘,摆上切好的秋刀鱼。

❹ 放入备好的味汁,铺匀,撒上红椒圈。

❺ 蒸锅上火烧开,放入装有秋刀鱼的蒸盘。

❻ 盖上盖,用大火蒸约8分钟,至食材熟透。关火后揭开盖子,取出蒸好的秋刀鱼;趁热撒上葱花,淋上少许热油即成。

蒜香蒸麻虾

成菜特点
麻虾壳厚肉嫩，蒜香浓郁。

主辅料 麻虾、大蒜。

调 料 生地、生姜、葱、色拉油、生抽王、胡椒粉、味精各适量。

制作程序

❶ 麻虾去虾线，从脊部开半刀，大蒜切成粒，生姜去皮切大片，葱留整条，生地切片。

❷ 麻虾摆入碟内，撒上味精、蒜粒、生地片、生姜片、葱条，入蒸笼蒸6分钟，拿掉姜片、葱条，撒上胡椒粉，淋入热油，浇上生抽王即可食用。

【操作要领】

蒸虾时要用大火，虾肉才会鲜嫩。

隔水蒸九节虾

主辅料 九节虾。

调料 海鲜酱油适量。

制作程序

❶ 九节虾洗净，沥干水分备用。

❷ 将洗净的九节虾放入蒸笼中，蒸 12 分钟，蒸至九节虾完全熟透。

❸ 将蒸好的虾整齐地排列在盘中，和海鲜酱油一起上桌即可。

成菜特点

成菜鲜嫩多汁，富含高蛋白，补钙。

虾仁蒸豆花

主辅料 虾仁、豆花。

调料 盐、味精、鸡精、胡椒粉、青红椒粒各适量。

制作程序

❶ 虾仁洗净去沙肠，加盐码味备用。

❷ 将豆花打碎，放入盐、味精、鸡精、胡椒粉调味，然后放入码味后的虾仁，，撒上青红椒粒，放在蒸锅里蒸 10 分钟，起锅即成。

成菜特点

成菜味道鲜美，十分滑嫩。

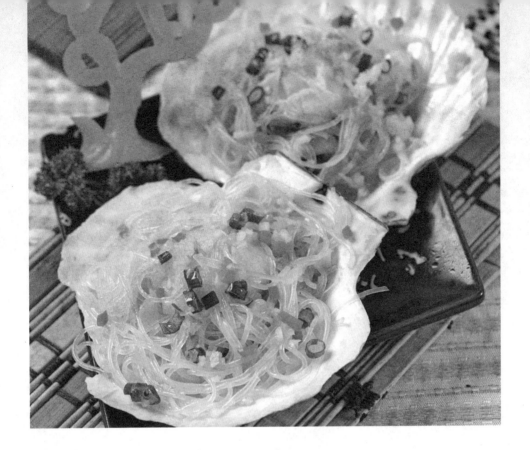

蒜蓉粉丝蒸扇贝

成菜特点

成菜做法简单，味道鲜美，蒜香浓郁。

主辅料 扇贝、粉丝、蒜蓉。

调　料 豉汁、蒜蓉、姜末、葱花、精盐、熟油、白糖、红椒粒各适量。

制作程序

❶ 粉丝剪断，用热水泡软；用小刀把扇贝肉从贝壳上剔下，留用，扇贝壳排入大盘中。

❷ 将白糖、豉汁、蒜蓉、姜末、精盐放入一小碗中，拌匀待用。

❸ 把粉丝均匀地放在贝壳上，然后依次放入扇贝肉，淋入拌好的调料，上笼用大火蒸6分钟取出，撒上葱花、红椒粒，浇上少许熟油即成。

【操作要领】

贝类本身极富鲜味，烹制时千万不要加鸡精，也不宜多放精盐，以免失去鲜味，贝类中的泥肠不宜食用。

芙蓉蒸文蛤

制作程序

❶ 文蛤用刀剖开，去尽内脏，冲洗干净，放姜、葱花、料酒码味；鸡蛋磕入碗内，加盐、味精、胡椒粉、鸡汤、水豆粉搅匀。

❷ 将码好味的文蛤装入盘内，淋入调好的蛋液，上笼用中火蒸约10分钟，取出，淋上豉油，撒上葱花。

❸ 锅内烧精炼油烧至五成热，浇在文蛤上即成。

主辅料　文蛤、鸡蛋。

调　料　精盐、味精、胡椒粉、姜、葱花、料酒、豉油、精炼油、鸡汤、水豆粉各适量。

川酱蒸带子

主辅料　带子、青椒、红椒。

调　料　料酒、胡椒粉、麻辣酱各适量。

制作程序

❶ 带子洗净，剥去衣膜和枕肉，横刀切成两半；青椒、红椒洗净，切粒备用。

❷ 带子撒上料酒、胡椒粉，上锅蒸熟。

❸ 油锅烧热，放入青椒、红椒爆香，加麻辣酱炒好，淋在蒸好的带子上即可。

成菜特点

带子具有养阴等功效，美味鲜甜，此菜既有"蒸蒸日上"的好意头，更是美好的祝福。

茄瓜蒸靓蛙

成菜特点

蒸制出来的茄瓜，味鲜肉嫩，入口滑爽，蛙肉非常嫩滑可口。

主辅料 牛蛙、茄瓜。

调 料 小米椒、野山椒、精炼油、精盐、味精、鸡精、蚝油、葱花、白醋各适量。

制作程序

❶ 牛蛙去皮、内脏、头、爪，洗净斩成块；茄瓜去皮，切成条；小米椒、野山椒均切成颗粒。

❷ 牛蛙加进小米椒粒、野山椒粒、精盐、味精、鸡精、蚝油、白醋拌匀，平铺在茄条上面，入笼蒸10分钟取出，撒上葱花，淋上热精炼油即可。

荷叶蒸牛蛙

成菜特点

蒸出的牛蛙肉质既保持了鲜嫩，又有酱香和荷叶的清香。

主辅料 牛蛙、荷叶。

调 料 香菇、枸杞、红枣、红椒丝、盐、胡椒粉、料酒、蚝油、姜片、葱段各适量。

制作程序

❶ 牛蛙洗净切块，用料酒、葱、盐腌渍；荷叶垫入笼底。

❷ 牛蛙加蚝油、胡椒粉、香菇、枸杞、红枣拌匀，入笼铺好。

❸ 蒸7分钟至熟，撒上葱段、红椒丝，淋热油即可。

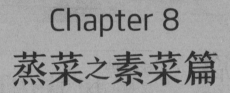

Chapter 8
蒸菜之素菜篇

双椒蒸豆腐

成菜特点
豆腐质白细嫩，滑润鲜美，营养丰富，老少皆宜。

主辅料 豆腐、剁椒、小米椒。

调 料 蒸鱼豉油、葱花。

制作程序

❶ 将洗净的豆腐切片。

❷ 取一蒸盘，放入豆腐片，摆好，撒上剁椒和小米椒，封上保鲜膜，待用。

❸ 备好电蒸锅，烧开水后放入蒸盘，盖上盖，蒸约10分钟，至食材熟透。

❹ 断电后揭盖，取出蒸盘，去除保鲜膜，趁热淋上蒸鱼豉油，撒上葱花即可。

【操作要领】

保鲜膜一定要包好豆腐盘，不要让它漏气，否则蒸好后汤汁太多了。

成菜特点

南瓜软糯芬芳，八宝馅甜润不腻。

八宝蒸南瓜

主辅料 南瓜、糯米、鲜百合、莲米、薏仁、大枣、枸杞、干百合。

调料 白糖、猪油各适量。

制作程序

❶ 莲米、薏仁、大枣、枸杞、干百合入碗用温热水浸泡。糯米洗净，入沸水锅煮断生，捞起沥尽水，同莲米、薏仁、大枣、枸杞、干百合、白糖、猪油拌匀，酿入南瓜内。

❷ 酿好的南瓜上笼旺火蒸熟，起锅装入盘内，用刀切成8瓣。

❸ 白糖加清水入锅熬制成糖浆，撒上百合、枸杞略煮，起锅淋在南瓜上即可。

百合蒸南瓜

主辅料 南瓜、百合。

调料 白糖、蜂蜜各适量。

制作程序

❶ 把南瓜切一字条，百合洗净备用。

❷ 把南瓜、百合放入蒸锅中蒸15分钟取出，放入白糖、蜂蜜即成。

成菜特点

成菜材料全素，软糯可口，是一道老少咸宜的健康菜。

粉丝蒸金针菇

制作程序

❶ 金针菇洗净去柄，野山椒剁碎。

❷ 野山椒末、野山椒汁、姜葱油、盐、料酒、胡椒、鸡精、鲜汤入碗调匀成味汁。

❸ 粉丝沥净水入碗，将金针菇摆于粉丝上，淋上调好的味汁，上笼蒸熟取出。撒上蒜茸、红小米椒圈、葱花，用热油淋一遍即可。

主辅料 金针菇、水发粉丝。

调　料 野山椒、野山椒汁、蒜茸、姜葱油、盐、胡椒、料酒、鸡精、鲜汤、红小米椒圈、葱花各适量。

成菜特点
金针菇具有热量低、高蛋白、低脂肪、多糖、多种维生素的营养特点。

鲜椒蒸野菌

主辅料 鲜茶树菇、青尖椒、红尖椒。

调　料 盐、味精、鸡精、生菜油、胡椒面、鲜花椒。

制作程序

❶ 将茶树菇洗净，撕成小节，青红尖椒切成小圈.

❷ 将主料和辅料一起拌匀，入笼蒸10分钟至熟即可。

成菜特点
野菌可以做汤，也可做炒菜，但此菜品却加鲜椒来蒸，风格迥异。